中等职业教育"十三五"规划教材

中国石油和化学工业
优秀教材一等奖

化工原理

下 册

第四版

闫志谦　张利锋　编

齐广辉　主审

化学工业出版社

·北京·

内 容 提 要

本书主要介绍了化学工程中常见的化工单元操作的基本原理、典型设备的构造和性能及基本计算方法。教材配套了原理动画、实物实拍、微课、VR 等数字资源，以帮助学生更好地理解教学内容。数字资源可通过扫描二维码观看。

全书分上、下两册。上册除绪论、附录外，包括流体流动、流体输送、非均相物系的分离、传热、蒸发共五章内容；下册有蒸馏、吸收、液-液萃取、干燥、结晶共五章内容。每章编有例题，章末有思考题和习题，书末附有习题参考答案。

本书可作为化工类及相关专业的中等职业学校、中等专业学校教材，也可作为化工及相关企业工人培训教材或供化工及相关企业从事生产的管理人员参考。

图书在版编目（CIP）数据

化工原理．下册/闫志谦，张利锋编．—4 版．—北京：化学工业出版社，2020.5（2024.11重印）
中等职业教育"十三五"规划教材
ISBN 978-7-122-36564-4

Ⅰ.①化…　Ⅱ.①闫…②张…　Ⅲ.①化工原理-中等专业学校-教材　Ⅳ.①TQ02

中国版本图书馆 CIP 数据核字（2020）第 053602 号

责任编辑：王海燕　于　卉　　　　　装帧设计：王晓宇
责任校对：李雨晴

出版发行：化学工业出版社（北京市东城区青年湖南街 13 号　邮政编码 100011）
印　　刷：北京云浩印刷有限责任公司
装　　订：三河市振勇印装有限公司
710mm×1000mm　1/16　印张 11¾　字数 211 千字　2024 年 11 月北京第 4 版第 6 次印刷

购书咨询：010-64518888　　　　　　售后服务：010-64518899
网　　址：http://www.cip.com.cn
凡购买本书，如有缺损质量问题，本社销售中心负责调换。

定　　价：28.00 元

前言

化工原理是化工及相关专业开设的一门重要的专业基础课。因其是专业基础课，内容相对稳定，但并非一成不变，应该紧跟化工类专业发展方向，不断更新内容，使教材更加符合中等职业学校的教学要求和培养目标。基于这一原则，本书每修订一次都补充一些新的内容，现在的第四版也是如此。

为适应中等职业教育发展的新形势，本书自 1986 年第一版面世至今已经出了四个版本，版本更迭的过程也是本书不断完善的过程。第四版在保留第三版深入浅出、浅显易懂、避免繁杂的数学推导和计算、侧重基础知识的学习和应用等特点基础上，修订部分内容外，响应"互联网＋职业教育"号召，补充了多媒体素材，实现了传统纸质教材与互联网资源库的对接，使原理的表达更直观、形象、易理解。

本书第四版由闫志谦、张利锋编写，闫志谦统稿，河北化工医药职业技术学院齐广辉审阅书稿。其中，绪论、第一章、第二章、第三章、第四章、第五章、第十章及附录由张利锋编写；第六章、第七章、第八章、第九章由闫志谦编写；阅读材料、附录、部分课程思政内容由西北师范大学李依哲编写；部分多媒体素材由河北化工医药职业技术学院齐广辉主创制作。本书修订过程中得到了同事们的大力支持，河北阳煤正元化工集团有限公司赵艳平审阅了书稿并提出了宝贵的修改意见，在此表示衷心的感谢。

本书各版本的出版都得到了化学工业出版社的各级领导和责任编辑的热情支持和帮助，特致以诚挚的谢意。

本书曾获第八届中国石油和化学工业优秀教材一等奖。这对作者是鼓励，更是鞭策。尽管如此，限于作者水平，书中难免有不妥、疏漏之处，恳切希望读者给予批评指正。

编　者
2020 年 2 月

第三版前言

2005 年、2006 年由化学工业出版社出版的《化工原理》上、下册第二版（王振中、张利锋编）曾获得第八届中国石油和化学工业优秀教材一等奖。本书在保持第二版教材特色的基础上，修订内容如下：①改编了部分章节的内容和顺序；②增加了部分单元操作的操作要点和注意事项；③删除了设计计算和偏深的内容；④精选了各章的例题和习题；⑤各章新增加了思考题；⑥精选了附录中的部分内容；⑦配套了本教材的电子课件。

本书在修订过程中力求深入浅出，浅显易懂，避免了一些繁杂的数学推导和计算，侧重单元操作基础知识的学习和应用，使教材更加符合中等职业学校的教学要求和培养目标。

本书由河北化工医药职业技术学院张利锋、闫志谦编写。其中，绪论、第一章、第二章、第三章、第四章、第五章、第十章及附录由张利锋编写；第六章、第七章、第八章、第九章由闫志谦编写。全书由张利锋统稿，河北化工医药职业技术学院王振中审阅书稿。

全书按上、下两册出版。上册除绪论、附录外，包括流体流动、流体输送、非均相物系的分离、传热、蒸发共五章内容。下册包括蒸馏、吸收、液-液萃取、干燥、结晶共五章内容。每章章末附有思考题和习题，书末配有各章习题的参考答案。

在本书编写过程中，得到了相关领导和同事们的大力支持，在此表示感谢。由于编者水平有限，不妥之处在所难免，恳切希望读者给予批评指正。

本教材的电子课件可到化学工业出版社资源网 www.cipedu.com.cn 上下载。

编　者
2011 年 2 月

目 录

目录

目 录

第六章

蒸馏

蒸馏是分离液体混合物的典型单元操作，广泛应用于化工、石油、医药、食品、冶金及环保等领域。这种操作是通过加入热量或取出热量的方法，使混合物形成汽液两相系统，利用液体混合物中各组分挥发性的不同，或沸点的不同使各组分达到分离与提纯的目的。例如，在容器中将低浓度的乙醇水溶液加热使之部分汽化，由于乙醇的挥发性比水强（即乙醇的沸点比水低），故乙醇较水易于从液相中汽化出来。若将上述所得的蒸气冷凝，即可得到乙醇浓度较原来为高的冷凝液，从而使乙醇和水得到初步的分离。通常将沸点低的组分称为易挥发组分，沸点高的组分称为难挥发组分。

蒸馏操作的方法有多种，分类如下。

（1）简单蒸馏和平衡蒸馏　当混合物中各组分的挥发性相差很大，同时对组分分离程度要求又不高时，可用简单蒸馏或平衡蒸馏。它们是最简单的蒸馏方法。

（2）精馏　当混合物中各组分的挥发性相差不大，又要求分离程度很高时，则采用精馏。根据操作压强不同，精馏可以分为常压精馏、减压精馏和加压精馏。

（3）两组分精馏和多组分精馏　两组分混合物是最简单的混合物，所以两组分混合物的精馏是最简单的精馏过程。实际混合物常常不只包含两个组分，而是多个组分。如果混合物中主要是两组分，其他组分含量很少，同时它们的存在既不影响分离过程，也不影响分离所得产品的质量和进一步使用，则可以当作两组分混合物处理。

M6-1　精馏操作技术

多组分混合物的精馏过程比较复杂，但就精馏过程的基本原理来说，多组分精馏与两组分精馏基本上是相同的。

（4）特殊蒸馏　常用的简单蒸馏、平衡蒸馏和普通精馏以外的精馏方法统称为特殊蒸馏。

当混合物各组分的挥发性相差很小，或者形成恒沸液，不能用一般的蒸馏方法分离时，可以另外加入适当别的物质，使各组分挥发性的差别增大，易于用精馏方法分离。由于加入的物质不同，有恒沸精馏、萃取精馏和盐效应精馏等不同的精馏过程。

（5）间歇蒸馏和连续蒸馏　前者多应用于小规模生产或某些有特殊要求的场合，工业生产中多为处理大批量物料，通常是采用连续蒸馏。

本章重点讨论常压下两组分连续精馏。

第一节　双组分溶液的汽液相平衡

一、双组分理想溶液的汽液相平衡

1. 汽液相平衡

根据溶液中同分子间作用力与异分子间作用力的差异，可将溶液分为理想溶液和非理想溶液。依此，所谓理想溶液，是指在这种溶液内，组分 A、B 分子间作用力 f_{AB}，与纯组分 A 的分子间作用力 f_{AA} 或纯组分 B 的分子间作用力 f_{BB} 相等。反之，纯组分间作用力 f_{AA} 及 f_{BB} 与组分 A、B 分子间作用力 f_{AB} 不相等，则称该溶液为非理想溶液。实验表明，当由两个完全互溶的挥发性组分所组成的理想溶液，其汽液平衡关系服从拉乌尔定律，即在一定温度下平衡时溶液上方蒸气中任一组分的分压，等于此纯组分在该温度下饱和蒸气压乘以其在溶液中的摩尔分数，可用下式表示

$$p = p^{\circ}x \tag{6-1}$$

式中　p——溶液上方某组分的平衡分压，Pa；

$\quad\quad p^{\circ}$——在当时温度下该纯组分的饱和蒸气压，Pa；

$\quad\quad x$——溶液中组分的摩尔分数。

对于由 A（易挥发组分）和 B（难挥发组分）所组成的理想溶液而言，当溶液上方平衡总压强为 $\overline{p}(p = p_A + p_B)$ 时，在组分 A 的沸点与 B 的沸点温度范围内存在下列关系

对于 A 组分：$p_A = p_A^{\circ}x_A$

对于 B 组分：$p_B = p_B^{\circ}x_B = p_B^{\circ}(1 - x_A)$

所以总压　　　　$p = p_A + p_B = p_A^{\circ}x_A + p_B^{\circ}(1 - x_A)$

整理得

$$x_A = \frac{p - p_B^{\circ}}{p_A^{\circ} - p_B^{\circ}} \tag{6-2}$$

同时溶液上方蒸气的组成 y_A 为

$$y_A = \frac{p_A}{p} = \frac{p_A^{\circ}x_A}{p} \tag{6-3}$$

式(6-2) 与式(6-3) 就是用饱和蒸气压表示的双组分理想溶液的汽液相平衡关系。如已知纯组分饱和蒸气压，即可依上述二式求出各温度下相应的 x、y 值。应予指出，汽液相平衡关系随操作压强的不同而改变。当操作压强接近常压时，可采用常压时汽液相平衡关系，误差不大。

严格地说，理想溶液是不存在的，但是对于那些性质极相近、分子结构极相似的组分，所组成的溶液，例如苯-甲苯、甲醇-乙醇、丙烷-丁烷、丁烷-异丁烷等都可视为理想溶液。对于非理想溶液的汽液平衡关系，可用修正的拉乌尔定律或实验数据表示。

例 6-1 今有苯-甲苯混合液，在 45℃ 时沸腾，外界压强为 20.3kPa。已知在 45℃ 时纯态苯的饱和蒸气压 $p_{苯}^{\circ}=22.7\text{kPa}$，纯态甲苯的饱和蒸气压 $p_{甲苯}^{\circ}=7.6\text{kPa}$。试求其汽液相的平衡组成。

 依式(6-2) 可求得在平衡时苯的液相组成

$$x_{苯}=\frac{p-p_{甲苯}^{\circ}}{p_{苯}^{\circ}-p_{甲苯}^{\circ}}=\frac{20.3-7.6}{22.7-7.6}=\frac{12.7}{15.1}=0.84$$

由式(6-3) 可求得与 $x_{苯}$ 相平衡时苯的汽相组成

$$y_{苯}=\frac{p_{苯}^{\circ}x_{苯}}{p}=\frac{22.7\times0.84}{20.3}=0.94$$

在平衡时，甲苯在液相和汽相的组成分别为

$$x_{甲苯}=1-x_{苯}=1-0.84=0.16$$
$$y_{甲苯}=1-y_{苯}=1-0.94=0.06$$

2. 汽液平衡相图

相图表达的汽液平衡关系清晰直观，在二组分蒸馏中应用相图计算更为简便，而且影响蒸馏的因素可在相图上直接予以反映。常用的相图为恒压下的温度-组成图和汽-液相组成图。

（1）温度-组成（t-x-y）图 蒸馏操作通常是在一定外压下进行，而且在操作过程中，溶液的温度随其组成而变，故恒压下的温度-组成图对蒸馏过程的分析具有实际的意

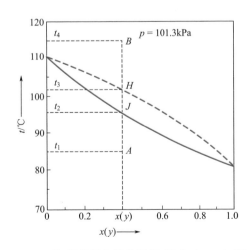

图 6-1 苯-甲苯混合液的温度-组成（t-x-y）图

义。苯和甲苯混合液可视为理想溶液，在总压 $p=101.3\mathrm{kPa}$ 下，苯和甲苯混合液的温度-组成（$t\text{-}x\text{-}y$）图，如图6-1所示。图中以温度 t 为纵坐标，以液相组成 x 或汽相组成 y 为横坐标（如不注明 x 或 y 是哪一种组分时，总是指易挥发组分的摩尔分数）。图中有两条曲线，上方曲线为 $t\text{-}y$ 线，表示混合液的温度和平衡汽相组成 y 之间的关系，此线称为**饱和蒸气线**，亦称**汽相线**；下方曲线为 $t\text{-}x$ 线，表示混合液的温度和平衡液相组成 x 之间的关系，此曲线称为**饱和液体线**，**亦称液相线**。上述两条曲线将 $t\text{-}x\text{-}y$ 图分成三个区域。饱和液体线以下区域代表未沸腾的液体，称为**液相区**；饱和蒸气线以上区域代表过热蒸气，称为**过热蒸气区或汽相区**；二曲线包围的区域表示汽液同时存在，称为**汽液共存区域或二相区**。

若将温度为 t_1、组成为 x（图中 A 点所示）的混合液加热，当温度升高到 t_2（J 点）时，溶液开始沸腾，此时产生第一个气泡，相应的温度称为泡点温度，因此饱和液体线又称为泡点线。同样，若将温度为 t_4，组成为 y（B 点）的过热混合蒸气冷却，当温度降到 t_3（H 点）时，混合气开始冷凝，产生第一滴液体，相应的温度称为露点温度，因此饱和蒸气线又称为露点线。

由 $t\text{-}x\text{-}y$ 图还可得知，就一定总压下的饱和温度来说，二元理想溶液与纯液体不同的是：①沸点（泡点）不是一个定值，而有一个范围，随着溶液中易挥发组分含量的增加，沸点将逐渐降低；②同样的组成下，液体开始沸腾的温度（泡点）与蒸气开始冷凝温度（露点）并不相等。

通常，$t\text{-}x\text{-}y$ 关系的数据由实验测得。对于理想溶液也可以用纯组分的饱和蒸气压数据按拉乌尔定律和道尔顿分压定律进行计算，如例 6-2 所示。

例 6-2》 已知苯（A）和甲苯（B）的饱和蒸气压和温度关系数据如本题附表1所示。试根据表中数据作 $p=101.3\mathrm{kPa}$ 下苯-甲苯混合液的 $t\text{-}x\text{-}y$ 图。此溶液可视为理想溶液。

例 6-2 附表 1

$t/°C$	80.1	85	90	95	100	105	110.6
$p_A°/\mathrm{kPa}$	101.3	116.9	135.5	155.7	179.2	204.2	240.0
$p_B°/\mathrm{kPa}$	40.0	46.0	54.0	63.3	74.5	86.0	101.3

解 因苯和甲苯混合液服从拉乌尔定律，即可依式（6-2）和式（6-3）进行计算。以 95℃ 为例，计算如下

$$x=\frac{101.3-63.3}{155.7-63.3}=0.411$$

$$y = \frac{155.7 \times 0.411}{101.3} = 0.632$$

现将各温度下的计算结果列于附表2。

例 6-2 附表 2

$t/℃$	80.1	85	90	95	100	105	110.6
x	1.000	0.780	0.581	0.411	0.258	0.130	0
y	1.000	0.900	0.777	0.632	0.456	0.261	0

根据以上计算结果，即可标绘得到如图 6-1 所示的 t-x-y 图。

（2）相平衡（x-y）图　蒸馏计算中，经常应用一定外压下的 x-y 图。图 6-2 为苯-甲苯混合液在 $p = 101.3\text{kPa}$ 下的 x-y 图。图中 x 为横坐标，y 为纵坐标，图中曲线表示液相组成和与之平衡的汽相组成间的关系。例如图中曲线上任意点 D 表示组成为 x_1 的液相与组成为 y_1 的汽相互成平衡。图中对角线为 $y = x$ 的直线，作为计算时的辅助线。

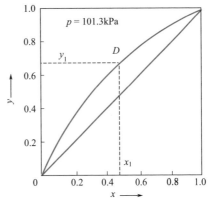

图 6-2　苯-甲苯混合液的 x-y 图

对于大多数溶液，达到平衡时，汽相中易挥发组分 y 的浓度总是大于液相的浓度 x，故平衡线位于对角线上方。**平衡线偏离对角线愈远，表示该溶液愈易分离。**

x-y 图可以通过 t-x-y 图作出，图 6-2 就是依据图 6-1 上对应的 x 和 y 的数据标绘而成的。许多常见的两组分溶液在常压下实测出的 x-y 平衡数据，载于物理化学或化工手册中，以供查用。

应予指出，x-y 平衡关系虽然是在恒压下测定的，但实验也表明，总压对平衡曲线的影响不大。若总压变化范围为 $20\%\sim30\%$，x-y 平衡线的变动不超过 2%。因此在总压变化不大时，外压影响可以忽略。但是，当总压的变化较大时（如 1 倍以上）就需要考虑它对平衡关系的影响。

二、挥发度和相对挥发度

汽液平衡关系除了用上述相图表示以外，还可以用相对挥发度来表示。

挥发度是表示某种液体容易挥发的程度。对于纯液体，通常用其当时温度下饱和蒸气压来表示。例如，乙醇在 25℃ 时饱和蒸气压为 78.6kPa，又水在 25℃ 时饱和蒸气压则为 31.7kPa，所以乙醇的挥发度较水为大。而溶液中各组分的蒸气压因组分间的相互影响要比纯态时为低，故溶液中各组分的挥发度，则用它在一定温度下蒸气中的分压和与之平衡的液相中该组分的摩尔分数之比来表示，即

$$\nu_A = \frac{p_A}{x_A}; \qquad \nu_B = \frac{p_B}{x_B} \tag{6-4}$$

式中　ν_A，ν_B——组分 A、B 的挥发度，Pa；

$\quad\quad$ x_A，x_B——组分 A、B 在平衡液相中的摩尔分数；

$\quad\quad$ p_A，p_B——组分 A、B 在平衡汽相中的分压，Pa。

组分挥发度的大小数值，需通过实验测定。在溶液符合拉乌尔定律时，则

$$\nu_A = \frac{p_A}{x_A} = \frac{p_A^\circ x_A}{x_A} = p_A^\circ$$

$$\nu_B = \frac{p_B}{x_B} = \frac{p_B^\circ x_B}{x_B} = p_B^\circ \tag{6-5}$$

式(6-5) 说明对于理想溶液，可以用纯组分的饱和蒸气压来表示它在溶液中的挥发度。

各组分挥发度的差别还可以用其挥发度的相对值来表示，这就是**相对挥发度**，它表明两组分挥发度之比，以 α 表示。如组分 A 对组分 B 的相对挥发度为

$$\alpha = \frac{\nu_A}{\nu_B} = \frac{p_A/x_A}{p_B/x_B} \tag{6-6}$$

当操作压强不高，汽相服从**道尔顿分压定律**时，则上式改写为

$$\alpha = \frac{p y_A/x_A}{p y_B/x_B} = \frac{y_A x_B}{y_B x_A} \tag{6-7}$$

通常将式(6-7) 作为**相对挥发度的定义式**。相对挥发度的数值通常由实验测得。但对理想溶液，则有

$$\alpha = \frac{p_A/x_A}{p_B/x_B} = \frac{p_A^\circ x_A/x_A}{p_B^\circ x_B/x_B} = \frac{p_A^\circ}{p_B^\circ} \tag{6-8}$$

式(6-8) 表明，理想溶液中组分的相对挥发度，等于同温度下两纯组分的饱和蒸气压之比。

由式(6-7) 可得

$$\frac{y_A}{y_B} = \alpha \frac{x_A}{x_B}$$

或

$$\frac{y_A}{1-y_A} = \alpha \frac{x_A}{1-x_A}$$

由上式解出 y_A，并略去下标可得

$$y=\frac{\alpha x}{1+(\alpha-1)x} \tag{6-9}$$

式(6-9) 是用相对挥发度表示的汽液相平衡关系。若 α 为已知时，即可用式 (6-9) 求得 x-y 平衡关系，故式(6-9) 称为**汽液平衡方程**。

由于纯组分的饱和蒸气压 p_A°、p_B° 均为温度的函数，且随温度升高而增大。因此依式(6-8) 可知，α 值通常随温度的改变而有不同。但对于遵循拉乌尔定律的混合液，其 α 值随温度的变化是较小的。因此，在蒸馏计算中，常常可以把 α 值取为定值，或取它的平均值，即 $\alpha_m=(\alpha_1+\alpha_2)/2$。$\alpha_1$、$\alpha_2$ 为操作温度上、下限时的相对挥发度。

从式(6-9) 可以看出：若 $\alpha>1$，则 $y>x$。α 值愈大，表示平衡时的 y 比 x 大得愈多（在 $0<x<1$ 范围内），故愈有利于分离。若 $\alpha=1$，则 $y=x$，即表示平衡时汽相组成等于液相组成，这表明这种混合液不能用普通蒸馏方法分开。故相对挥发度 α 值的大小，可以用来判断某种混合液能否用普通蒸馏方法分开及其可被分离的难易程度。

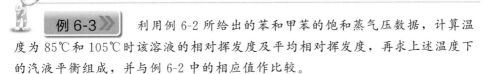

例 6-3 利用例 6-2 所给出的苯和甲苯的饱和蒸气压数据，计算温度为 85℃和 105℃时该溶液的相对挥发度及平均相对挥发度，再求上述温度下的汽液平衡组成，并与例 6-2 中的相应值作比较。

解 因为苯-甲苯混合液可视为理想溶液，故相对挥发度可用式(6-8) 计算，即

$$\alpha=\frac{p_A^\circ}{p_B^\circ}$$

85℃时 $\alpha_1=\dfrac{116.9}{46.0}=2.54$

105℃时 $\alpha_2=\dfrac{204.2}{86.0}=2.37$

故平均相对挥发度 $\alpha_m=\dfrac{\alpha_1+\alpha_2}{2}=\dfrac{2.54+2.37}{2}=2.46$

根据计算出的平均相对挥发度 α_m 可用式(6-9) 计算相应的 x 与 y 值，即

$$y=\frac{\alpha x}{1+(\alpha-1)x}=\frac{2.46x}{1+1.46x}$$

今取例 6-2 中温度为 85℃及 105℃时 x 对应值。即

85℃时 $y=\dfrac{2.46\times0.78}{1+1.46\times0.78}=0.897$

$$105℃ 时 \quad y = \frac{2.46 \times 0.13}{1 + 1.46 \times 0.13} = 0.269$$

计算结果表明，用平均相对挥发度求得的平均数据与例 6-2 的结果基本一致。

三、双组分非理想溶液的汽液相平衡

非理想溶液可分为两大类，即对拉乌尔定律具有正偏差的溶液和对乌拉尔定律有负偏差的溶液。前者混合溶液中相异分子间的吸引力较相同分子间吸引力为小，分子容易汽化，因此，溶液上方各组分的蒸气分压亦较理想溶液情况时为大；后者混合溶液中相异分子间的吸引力较相同分子间的吸引力为大，分子不易汽化，因此，溶液上方各组分的蒸气分压亦较在理想溶液情况时为小。但各种实际溶液对拉乌尔定律的偏差程度可能各不相同。例如乙醇-水、丙醇-水等物系是对拉乌尔定律具有很大正偏差溶液的典型例子；而硝酸-水、氯仿-丙酮等物系则具有很大负偏差。

图 6-3 常压下为乙醇-水混合液的 t-x-y 图。由图可见，液相线和汽相线在点 M 上重合，即点 M 所示的两相组成相等。常压下点 M 的组成为 $x_M = 0.894$（摩尔分数）称为恒沸组成。点 M 的温度为 78.15℃，称为恒沸点。该点的溶液称为恒沸液。因点 M 的温度比任何组成下溶液的沸点都低，故这种溶液又称为具有最低恒沸点的溶液。图 6-4 是其 x-y 图，平衡线与对角线的交点与图 6-3 的点 M 相对应，该点溶液的相对挥发度等于 1。

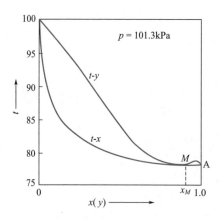
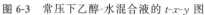

图 6-3　常压下乙醇-水混合液的 t-x-y 图

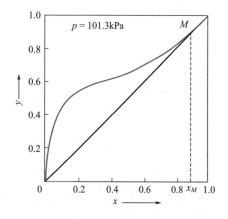

图 6-4　常压下乙醇-水混合液的 x-y 图

图 6-5 为常压下硝酸-水混合液的 t-x-y 图，该图与上述图 6-3 的情况相似，不同的是恒沸点 M 处的温度（121.9℃）比任何组成下该溶液的沸点都高，故这种溶液又称为具有最高恒沸点的溶液。图中点 M 所对应的恒沸组成为 0.383

（摩尔分数）。图 6-6 是其 x-y 图，平衡线与对角线的交点与图 6-5 中的点 M 相对应，该点溶液的相对挥发度等于 1。

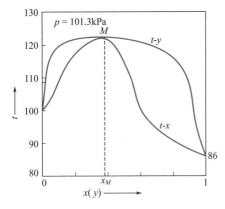

图 6-5　常压下硝酸-水混合液的 t-x-y 图　　图 6-6　常压下硝酸-水混合液的 x-y 图

非理想溶液不一定都有恒沸点，只有对拉乌尔定律有较大偏差时的非理想溶液才具有恒沸点。非理想溶液恒沸点的数据，可由有关手册中查到。

第二节　蒸馏方式

一、简单蒸馏

使混合液在蒸馏釜中逐渐受热汽化，并不断将生成的蒸气引入冷凝器内冷凝，以达到混合液中各组分得以部分分离的方法，称为简单蒸馏或微分蒸馏，是历史上最早应用的蒸馏方法。

常用的简单蒸馏装置如图 6-7 所示。操作时将待分离的混合液加入蒸馏釜 1 中使溶液逐渐汽化，产生的蒸气随即引出并进入冷凝冷却器 2 中，冷凝冷却到一定温度的馏出液即可按不同组成范围导入容器 3 中。当釜中液相浓度下降到规定要求时，即停止操作，将釜中残液排出后，再加新混合液于釜中进行蒸馏。

上述蒸馏过程中物相及其组成都发生变化。现用 t-x-y 图说明混合液的蒸馏过程。如图 6-8 所示，在进行简单蒸馏时，如果混合液组成为 x_1 ［图中含苯为 0.5（摩尔分数），以下组成均指摩尔分数］，在釜中受热到溶液的泡点 t_1（Q 点）时，混合液开始沸腾，此时釜内即出现与溶液相平衡的蒸汽相，汽相的组成为 y_1（L 点），含苯约为 0.71。这时将蒸气引出冷凝，则得到比原始混合液含苯较多的馏出液。但在蒸馏继续进行时，由于引出蒸气内含苯量较多，釜内的液体组成 x_1 则逐渐降低，即沿图中 t-x 线的 QC 方向逐渐改变，从而使馏出液的浓度

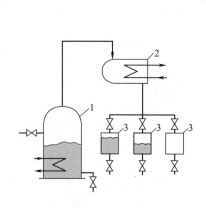

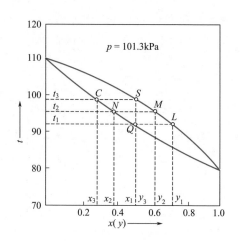

图 6-7　简单蒸馏装置图
1—蒸馏釜；2—冷凝冷
却器；3—馏出液贮槽

图 6-8　说明混合液简单蒸馏过程的
（苯-甲苯）t-x-y 图

y_1 也相应地不断降低，也即沿图中 t-y 图线的 LS 方向逐渐改变，而釜内混合液的沸点则逐渐升高。如加热到泡点 t_2 时，釜内液相含苯量已沿 QC 方向降到 x_2（N 点），含苯约为 0.38。此时引出蒸气中的含苯量也相应地沿 LS 方向降低到 y_2（M 点），含苯约为 0.6；如果加热到温度 t_3 停止，则釜内残液组成降为 x_3（C 点），含苯约为 0.28。此时引出蒸气组成为 y_3（S 点），含苯约为 0.5，而与原混合液组成相同。

　　由上可知，这一方式的蒸馏是一种不稳定的过程，需分批进行。由于馏出液的组成开始时最高，随后逐渐降低，故在上述蒸馏过程中常设几个容器，按时间的先后，分别收集不同组成的馏出液。在开始的第一个容器中含苯量较多，而第二、第三个容器中的含苯量则依次减少，但都在 y_1 和 y_3 的范围之内。由于用一次简单蒸馏达到的分离效果是有限的，因此简单蒸馏主要应用于分离沸点差相差较大，分离程度要求不高的二组分混合液或多组分混合液的粗略分离的场合。例如蒸馏发酵醪液以得饮用酒，原油或煤焦油的粗分等。

二、精馏

　　在化学工业中，常要求将混合液分离为接近纯净的组分。精馏就是多次而且同时运用部分汽化和部分冷凝的方法，使混合液得到较完全分离，以获得接近纯组分的操作。

1. 精馏原理

　　在图 6-9 所示苯-甲苯的 t-x-y 图中，若将对应点 A 的混合液在恒压下加热，

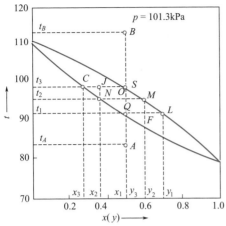

图 6-9 说明精馏原理的苯-甲苯 t-x-y 图   图 6-10 一次部分汽化的示意图

1—加热器；2—分离器；3—冷凝器

其受热过程如 AB 所示。当混合液温度达到泡点 t_1（Q 点）时，即已沸腾形成平衡汽相，但蒸气并不引出，而使混合液继续受热到达 t_2（O 点），液相组成则变为 x_2（N 点）、平衡汽相变为 y_2（M 点），蒸气量较 t_1 时增多，液相量则减少。温度继续升高到 t_3（S 点）时，液相则全部汽化，所得蒸气量就是最初混合液的全部量，其组成 y_3 也和原混合液的组成 x_1 相等。若再使之受热到 S 点以上（如 B 点）时，则蒸气成为过热状态，但组成不变，仍为 y_3。将上述混合液加热到 Q 点以上至 S 点以下的区间，称为**部分汽化**。加热到 S 点及 S 点以上的区间，称为**全部汽化**。反之，如果从混合蒸气（B 点）出发进行冷却，则将温度降到 S 点以下至 Q 点以上的区间，称为**部分冷凝**，将冷却到 Q 点及 Q 点以下的区间，称为**全部冷凝**。

如图 6-10 所示，在分离器 2 中将图 6-9 中组成为 x_1、温度为 t_A（A 点）的一定量混合液加热到 t_2（O 点）使其部分汽化，并将汽相与液相分开，则可得相应的汽相组成为 y_2 及液相组成为 x_2。由图 6-9 可以看出 $y_2 > x_1 > x_2$，显然，液体混合物进行一次部分汽化，就能起到部分分离的作用。若再将上面组成为 x_2 的饱和液体在分离器中加热到 t_3（J 点），使其在 t_3 温度下部分汽化，这时又出现了新的平衡，此时将汽相与液相分开，则可获得浓度为 x_3 的液相及与之平衡的浓度为 y_3 的汽相（$x_3 < x_2$）。上述部分汽化过程若反复进行，最终可以得到易挥发组分苯含量很低的液相，即可获得近于纯净的甲苯 x_n，其过程示意于图 6-11 中。所以将混合液多次地进行部分汽化，就可以分离出接近纯的难挥发组分。

另一方面，将上述过程中所得组成为 y_2 的蒸气分出，冷凝至 t_1，即经部分

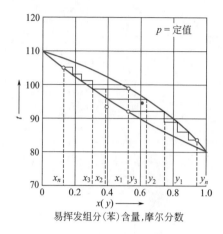

图 6-11 说明混合液多次部分汽化和混合蒸气多次部分冷凝的组成变化（苯-甲苯）示意图

冷凝到 F 点，则可以得到组成为 y_1 的汽相及组成为 x_1 的液相，而 $y_1 > y_2$，显然气体混合物进行一次部分冷凝，也能起到部分分离的作用。若将上述汽液两相分开，使组成为 y_1 的汽相再进行部分冷凝，即可获得较 y_1 浓度更大的汽相 y。此部分冷凝过程若反复进行，最终就可以得到难挥发组分很低的汽相，即可获得近于纯净的苯 y_n。其过程亦示意于图 6-11 中。所以将蒸气多次地进行部分冷凝，就可以分离出接近纯的易挥发组分。

生产中的精馏过程就是在精馏塔内的多次而且同时进行部分汽化和部分冷凝，以得到接近于纯的易挥发组分和接近于纯的难挥发组分的操作。图6-12所示为一板式精馏塔中物料流动示意图。精馏塔内通常有若干层塔板，塔板是供汽、液两相接触的场所，进行热和质的交换（即汽相进行部分冷凝、液相进行部分汽化）。位于塔顶的冷凝器将上升的蒸气冷凝成液体，部分凝液作为液相回流返回塔内，其余部分为塔顶产品。位于塔底的再沸器使液体部分汽化，蒸气沿塔上升作为汽相回流，余下的液体作为塔底产品。进料加在塔中间的某一层板上，进料中的蒸气和塔下段来的蒸气一起沿塔上升；进料中的液体和塔上段来的液体一起沿塔下降。在整个精馏塔中汽液两相逆流接触，进行相际间的传热、传质，使液相中的易挥发组分进入汽相，汽相中的难挥发组分进入液相。对不形成恒沸物的物系，只要有足够的塔板数，塔顶将得到高纯度的易挥发组分，塔底将得到高纯度的难挥发组分。

为实现精馏分离操作，除了需

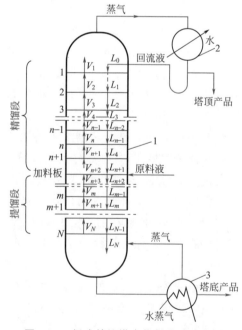

图 6-12 板式精馏塔中物料流动示意图

1—精馏塔；2—冷凝器；3—再沸器

要有足够多层的塔板数外，还必须从塔底引入上升的蒸气流和从塔顶引入下降的液流。上升的气流和下降的液流构成汽、液两相体系，是实现精馏操作的必要条件。

2. 连续精馏流程

图 6-13 所示为典型的连续精馏装置流程图。其主要设备为精馏塔，此外还有塔底再沸器和塔顶冷凝器，有时还配有原料液预热器、回流液泵等附属设备。

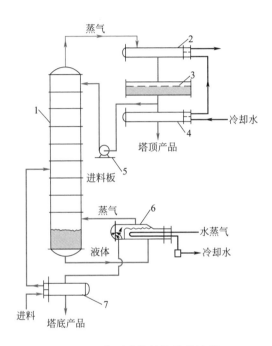

图 6-13　典型连续精馏装置流程
1—精馏塔；2—全凝器；3—贮槽；
4—冷却器；5—回流液泵；6—再
沸器；7—原料预热器

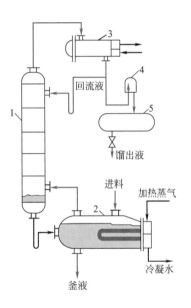

图 6-14　典型间歇精馏装置流程
1—精馏塔；2—再沸器；3—全凝器；
4—观察罩；5—馏出液贮槽

原料液经预热器加热到指定的温度后，而于提馏段的最上层塔板即加料板引入塔内，在进料板上与精馏段下降的回流液体汇合后，再逐板溢流，最后流入塔底再沸器中。在每层塔板上，回流液体与上升蒸气互相接触，进行传热和传质。操作时，连续地从再沸器取出部分液体作为塔底产品（釜残液）；部分液体汽化产生上升蒸气依次经过所有塔板，而后进入冷凝器中被全部冷凝，并将一部分冷凝液用泵送回塔顶作为回流液体，其余部分经冷却器降温后被送出作为塔顶产品（馏出液）。

3. 间歇精馏流程

在化工生产中，虽然以连续精馏为主，但是对某些场合采用间歇精馏操作为宜。**间歇精馏又称分批精馏，即将欲处理的物料一次加入蒸馏釜中进行精馏操作。**塔顶排出的蒸气冷凝后，一部分作为塔顶产品，另一部分作为回流送回塔内。操作终了时，残液一次从釜内排出，然后再进行下一批的精馏操作。其流程如图 6-14 所示。

间歇精馏塔只有精馏段，没有提馏段，只能获得较纯的易挥发组分的产品。蒸馏过程中，釜液浓度不断降低，各层板上汽、液相状况亦相应随时变化，所以间歇精馏属于不稳定操作。

第三节　双组分混合液连续精馏的分析和计算

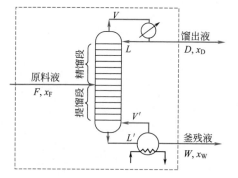

图 6-15　连续精馏塔全塔物料衡算

一、精馏塔的全塔物料衡算

通过全塔物料衡算，可以求出精馏产品的流量、组成和进料量之间的关系。图 6-15 中 F、D、W 分别表示原料液、塔顶产品（馏出液）、塔底产品（釜残液）流量，kmol/h；x_F、x_D、x_W 分别表示原料液中、馏出液中和釜残液中易挥发组分的组成，摩尔分数，现对图 6-15 所示的连续精馏塔作全塔物料衡算，并以单位时间为基准，即

总物料量

$$F = D + W \tag{6-10}$$

易挥发组分量

$$F x_F = D x_D + W x_W \tag{6-11}$$

联立式(6-10)、式(6-11) 解得

$$D = \frac{F(x_F - x_W)}{x_D - x_W} \tag{6-12}$$

$$W = \frac{F(x_D - x_F)}{x_D - x_W} \tag{6-13}$$

式(6-10)～式(6-13) 中的单位，若改用质量流量 kg/h 表示，则 x_F、x_D、

x_W 也应改用质量分数。一般情况 x_F、x_D、x_W 均已由生产条件规定,只需已知 F、D、W 中任一项,就可以求得其余各项。

例 6-4 》 每小时将 15000kg,含苯 40% 和含甲苯 60% 的溶液,在连续精馏塔中进行分离,要求将混合液分离为含 97% 的馏出液和含苯不高于 2% 的釜残液(以上均为质量分数)。操作压强为 101.3kPa。试求馏出液和釜残液的流量及组成,以千摩尔流量及摩尔分数表示。

解 苯的摩尔质量为 78kg/kmol,甲苯的摩尔质量为 92kg/kmol

进料组成
$$x_F = \frac{\dfrac{40}{78}}{\dfrac{40}{78} + \dfrac{60}{92}} = 0.44$$

残液组成
$$x_W = \frac{\dfrac{2}{78}}{\dfrac{2}{78} + \dfrac{98}{92}} = 0.0235$$

馏出液组成
$$x_D = \frac{\dfrac{97}{78}}{\dfrac{97}{78} + \dfrac{3}{92}} = 0.974$$

原料液的平均摩尔质量为
$$M_F = 0.44 \times 78 + 0.56 \times 92$$
$$= 85.84 \text{kg/kmol}$$

进料量
$$F = \frac{15000}{85.84} = 175 \text{kmol/h}$$

全塔总物料衡算
$$D + W = 175 \qquad\qquad (a)$$

全塔苯的物料衡算
$$175 \times 0.44 = D \times 0.974 + W \times 0.0235 \qquad\qquad (b)$$

联立 (a)、(b) 得
$$D = 76.7 \text{kmol/h}$$
$$W = 98.3 \text{kmol/h}$$

例 6-5 》 某常压精馏塔,用来分离甲醇-水液体混合物以获得纯度不低于 98.49% 的甲醇。已知塔的生产处理量为 204kg/h 的甲醇-水混合液,其中甲醇含量为 69%。现要求塔釜残液中甲醇含量不大于 1%(以上均为质量分数)。试计算塔顶、塔釜的采出量。

依式(6-12) 和式(6-13)

得
$$D=\frac{F(x_{\mathrm{F}}-x_{\mathrm{W}})}{x_{\mathrm{D}}-x_{\mathrm{W}}}=\frac{204\times(0.69-0.01)}{0.9849-0.01}=142.3\mathrm{kg/h}$$

$$W=\frac{F(x_{\mathrm{D}}-x_{\mathrm{F}})}{x_{\mathrm{D}}-x_{\mathrm{W}}}=\frac{204\times(0.9849-0.69)}{0.9849-0.01}=61.7\mathrm{kg/h}$$

二、精馏塔的操作线方程

1. 理论板的概念及恒摩尔流的假定

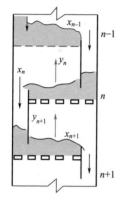

图 6-16　理论板上的两种组成示意图

所谓理论板是指离开该板的汽、液两相互成平衡，而且塔板上的液相组成也可视为均匀一致。例如，对图6-16 中的第 n 层理论板而言，离开该板的汽相组成 y_n 与液相组成 x_n 是符合平衡关系的。实际上，由于塔板上汽液两相间接触面积和接触时间是有限的，因此在任何形式的塔板上，汽液两相间难以达到平衡状态。也就是说理论板是不存在的。理论板仅是作为衡量实际板分离效率的依据和标准。通常在设计中总是先求得理论板层数，然后用恰当的校正，即可求得实际板层数。引入理论板的概念，对精馏过程的分析和计算是非常有用的。

为了确定精馏塔的理论塔板层数，除已知该系统的汽液平衡关系外，还要知道塔板溢流到下一板的液体组成 x_n 与下一板上升到该板的蒸气组成 y_{n+1} 的关系，而 y_{n+1} 和 x_n 之间的关系称为精馏塔的操作关系。

由于精馏过程涉及传热和传质过程，相互影响因素较多，为了便于分析，从中导出表达精馏塔操作关系的方程，现对过程做一些简化处理，提出如下恒摩尔流的假定。

（1）恒摩尔气流　精馏操作时，在精馏塔的精馏段内，每层塔板上升的蒸气摩尔流量都是相等的；提馏段内也是这样。但两段的上升蒸气摩尔流量不一定相等，即

$$V_1=V_2=\cdots=V_n=V$$
$$V_1{}'=V_2{}'=\cdots=V_m{}'=V'$$

式中　V——精馏段中上升蒸气的千摩尔流量，kmol/h；

V'——提馏段中上升蒸气的千摩尔流量，kmol/h。

下标表示塔板的序号。

（2）恒摩尔液流　精馏操作时，在塔的精馏段内，每层塔板下降的液体摩尔

流量都是相等的，提馏段内也是这样。但两段的液体摩尔流量不一定相等，即

$$L_1 = L_2 = \cdots = L_n = L$$
$$L'_1 = L'_2 = \cdots = L'_m = L'$$

式中　L——精馏段中下降液体的千摩尔流量，kmol/h；

　　　　L'——提馏段中下降液体的千摩尔流量；kmol/h。

下标表示塔板的序号。

通常上述两项假设被称为恒摩尔流假定。假定必须是在塔板上汽液两相接触时，每有1kmol的蒸气冷凝就相应有1kmol的液体汽化才能成立。为此，必须满足以下条件：①各组分的摩尔汽化潜热相等；②汽液两相接触时，因温度不同而交换的显热可以忽略；③精馏塔保温良好，热损失可以忽略不计。

在精馏操作时，恒摩尔流虽是一项假设，但有些物系如：苯-甲苯、乙烯-乙烷、乙醇-水等，能基本上符合上述条件，因此可将这些物系在塔内的汽、液两相视为恒摩尔流动，从而简化精馏的计算。

2. 精馏段操作线方程

在连续精馏塔中，因为原料液不断地从加料板进入塔内，故精馏段和提馏段的操作关系是不相同的，应分别讨论。

按图 6-17 的虚线范围内作物料衡算，以单位时间为基准，即

总物料量　　　$V = L + D$　　　(6-14)

易挥发组分量　$V y_{n+1} = L x_n + D x_D$　(6-15)

式中　　x_n——精馏段第 n 层板下降液体中易挥发组分的摩尔分数；

　　　　y_{n+1}——精馏段第 $n+1$ 层板上升蒸气中易挥发组分的摩尔分数。

将式(6-14) 代入式(6-15)，可得

$$y_{n+1} = \frac{L}{L+D} x_n + \frac{D}{L+D} x_D \quad (6-16)$$

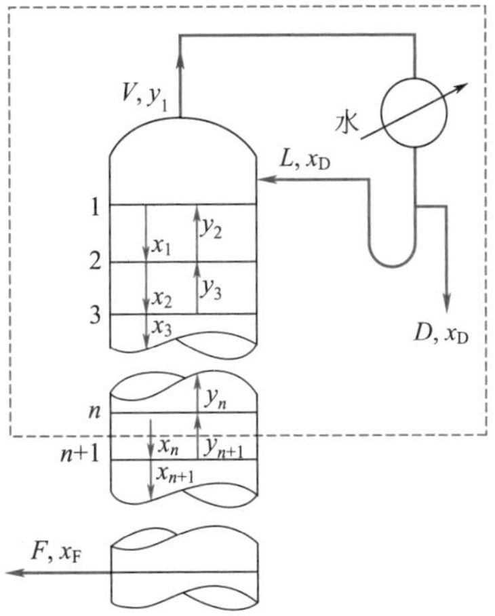

图 6-17　精馏段操作线方程式的推导

或　　　$$y_{n+1} = \frac{\dfrac{L}{D}}{\dfrac{L}{D}+1} x_n + \frac{1}{\dfrac{L}{D}+1} x_D$$

令　$R = L/D$，代入上式得

$$y_{n+1} = \frac{R}{R+1} x_n + \frac{1}{R+1} x_D \quad (6-17)$$

式中 R 称为回流比，其值一般由设计者选定，后面将对回流比的选择进行讨论。

式(6-16) 和式(6-17) 均表明在一定操作条件下，从精馏段内任一第 n 层板溢流到下一层 $n+1$ 板的液相组成 x_n 与下一层 $n+1$ 板上升到该 n 层板的汽相组成 y_{n+1} 之间的关系。因此将式(6-17) 中的 x_n、y_{n+1} 的下标去掉，即得方程

$$y = \frac{R}{R+1}x + \frac{x_D}{R+1} \tag{6-18}$$

在稳定操作中，D、x_D 皆为定值，根据恒摩尔流的假定 L 亦为定值，故式(6-18) 中的 R 亦为定值。因此式(6-18) 在 x-y 直角坐标上为一直线，其斜率为 $R/(R+1)$，截距为 $x_D/(R+1)$。

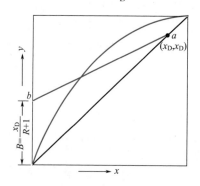

图 6-18　精馏段操作线

当已知 $R/(R+1)$、$x_D/(R+1)$ 后，可将精馏段操作线绘于 x-y 相图上，如图 6-18 所示。该直线有时亦用**两点法**作出，这时除代表截距的 b 点（0，B）外，还需另找一点。

设 $x = x_D$ 代入式(6-18) 可得 $y_{n+1} = x_D$，这就是图中点 a，此点 a 在对角线上。点 a 表示第一块塔板上升的蒸气组成 y_1 与全凝器的回流液组成 x_D 相等，实际上就相当于第一块板和塔顶之间的汽、液相组成关系。连接 a、b 就得**精馏段操作线**。

例 6-6 在例 6-4 中所述溶液进行精馏操作时，若所采用的回流比为 3.5，试求精馏段操作线方程式，并说明该操作线的斜率和截距的数值。

解 精馏段操作线方程式为

$$y = \frac{R}{R+1}x + \frac{x_D}{R+1}$$

由题知　$R = 3.5$，且 $x_D = 0.974$，代入上式

得

$$y = \frac{3.5}{3.5+1}x + \frac{0.974}{3.5+1}$$

$$y = 0.78x + 0.216$$

操作线的斜率为 0.78，在 y 轴上的截距为 0.216。

3. 提馏段操作线方程

按图 6-19 的虚线范围内作物料衡算，以单位时间为基准，即

总物料量 $L'=V'+W$ (6-19)

易挥发组分量

$$L'x'_m=V'y'_{m+1}+Wx_W \quad (6-20)$$

式中　x'_m——提馏段第 m 层板下降液
体中易挥发组分的摩尔
分数；

y'_{m+1}——提馏段第 $m+1$ 层板上升
蒸气中易挥发组分的摩尔
分数。

将式（6-19）代入式（6-20），并整
理得

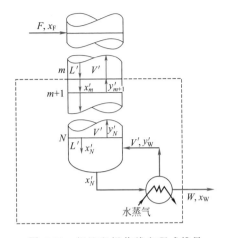

图 6-19　提馏段操作线方程式推导

$$y'_{m+1}=\frac{L'}{L'-W}x'_m-\frac{W}{L'-W}x_W \quad (6-21)$$

式(6-21) 表明在一定操作条件下，从提馏段内自任一第 m 层板溢流到下一层 $m+1$ 板的液相组成 x'_m 与从下一层 $m+1$ 板上升到该 m 层板的汽相组成 y'_{m+1} 之间的关系。因此，将式(6-21) 的 x_m、y'_{m+1} 的下标去掉，即得**提馏段操作线方程**

$$y'=\frac{L'}{L'-W}x'-\frac{Wx_W}{L'-W} \quad (6-22)$$

在稳定操作时 W、x_W 为定值，根据恒摩尔流假定 L' 亦为定值，故式(6-22) 在 x-y 直角坐标上亦为一直线，其斜率为 $L'/(L'-W)$、截距为 $-Wx_W/(L'-W)$。

但因提馏段内的溢流液体 L'，除了与 L 有关以外，还受操作中**进料量**及其**进料热状况**的影响。因此，需对进料热状况做分析，从而确定 L' 的数值后，才能将提馏段操作线绘于 x-y 相图上。

4. 进料热状况的影响

在生产过程中，加入精馏塔中的原料液可能有以下五种不同的热状况：①温度低于**泡点**的冷液体；②温度等于泡点的饱和液体；③温度介于泡点和露点之间的汽、液混合物；④温度等于**露点**的饱和蒸气；⑤温度高于露点的过热蒸气。

由于不同进料热状况的影响，使从进料板上升的蒸气量及下降的液体量发生变化，也即上升到精馏段的蒸气量及下降到提馏段的液体量发生了变化，图6-20定性地表示出在不同的进料热状况下，进料板上物料流向的示意。

现以比较简单的两种情况为例加以说明：①进料为泡点的饱和液体，如图

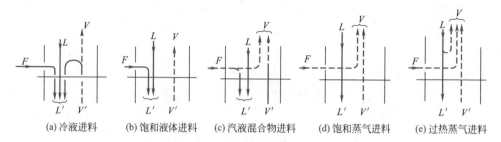

(a) 冷液进料　　(b) 饱和液体进料　　(c) 汽液混合物进料　　(d) 饱和蒸气进料　　(e) 过热蒸气进料

图 6-20　进料板上的物料流向示意

—→ 液流，– – → 气流

6-20(b) 所示。由于原料液的温度与回流到进料板上的液体温度很接近，因此进料全部流入提馏段，作为提馏段的回流液，而两段上升蒸气量则相等，即 $L'=L+F$；$V'=V$。②进料为正在露点的饱和蒸气，如图 6-20(d) 所示。由于进料中没有液体，料液进塔后全部与提馏段上升蒸气汇合一起进入精馏段，即：$L'=L$；$V=V'+F$。如果加入塔中的原料液是其他的受热情况，则情况更要复杂一些。进料热状况对 L' 的影响可通过**进料热状况参数 q** 来表示。q 的定义式为

$$q=\frac{L'-L}{F} \tag{6-23}$$

即每 1kmol 进料使得 L' 较 L 增大的物质的量（kmol）。通过对加料板作物料衡算及热量衡算，就能得到 q 值的计算式：

$$q=\frac{I_V-I_F}{I_V-I_L}=\frac{将 1kmol 进料变为饱和蒸气所需的热量}{1kmol 原料液的汽化潜热} \tag{6-24}$$

式中　I_F——原料液的焓，kJ/kmol；

　　　I_V——进料组成混合液饱和蒸气的焓，kJ/kmol；

　　　I_L——进料组成混合液饱和液体的焓，kJ/kmol。

由式(6-23) 得

$$L'=L+qF \tag{6-25}$$

$$V=V'+(1-q)F \tag{6-26}$$

根据 q 的定义可得：

冷液进料　　　　　　　$q>1$

饱和液体进料　　　　　$q=1$

汽、液混合物进料　　　$0<q<1$

饱和蒸气进料　　　　　$q=0$

过热蒸气进料　　　　　$q<0$

将式（6-25）代入式（6-22）得

$$y'_{m+1}=\frac{L+qF}{L+qF-W}x'_m-\frac{W}{L+qF-W}x_W \tag{6-27}$$

将上式中 x_m、y_{m+1} 的下标去掉，即得提馏段操作线方程的另一种形式，即

$$y'=\frac{L+qF}{L+qF-W}x'-\frac{W}{L+qF-W}x_W \tag{6-28}$$

对于一定操作条件下的连续精馏过程而言，式（6-28）中的 L、F、W、x_W 及 q 都是已知值或易于求算的值，其与式（6-22）相比，物理意义相同，在 x-y 直角坐标上同为直线。此式标绘在 x-y 相图上，便是提馏段操作线，斜率为 $(L+qF)/(L+qF-W)$，在 y 轴上的截距为 $-Wx_W/(L+qF-W)$。如图 6-21 所示。该直线可用两点法作出，这时除代表截距的 $b'(0,B')$ 外还需另找一点。

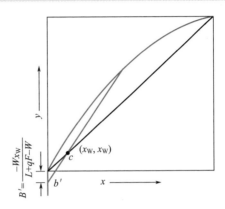

图 6-21 提馏段操作线

设 $x'=x_W$ 代入式（6-28）可得 $y'=x_W$，这就是图中 c 点，此点 c 在对角线上。连接 b'、c 就是提馏段操作线。

 例 6-7 在分离例 6-4 中苯-甲苯混合液时，若进料为饱和液体，选用的回流比 $R=2.0$，试求提馏段操作线方程式，并说明其斜率和截距的数值。

解 由例 6-4 知 $x_W=0.0235$，$W=98.3 \text{kmol/h}$，$F=175 \text{kmol/h}$，$D=76.7 \text{kmol/h}$。

而 $$L=RD=2.0\times76.7=153.4 \text{kmol/h}$$

因泡点进料 $I_F=I_L$ 故

$$q=\frac{I_V-I_F}{I_V-I_L}=1$$

将以上数据代入式（6-28）得

$$y'=\frac{153.4+1\times175}{153.4+175-98.3}x'-\frac{98.3}{153.4+175-98.3}\times0.0235$$

或 $$y'=1.43x'-0.01$$

操作线的斜率为 1.43，在 y 轴上截距为 -0.01。

由计算结果可以看出，本题提馏段操作线的截距是很小的，且为负值，而一般的情况下大都是如此。

 例 6-8 在分离例 6-7 的混合液时，若进料热状况为 20℃ 的冷液体，试求提馏段的上升蒸气流量和下降液体流量。

已知：操作条件下苯的汽化热为 389kJ/kg，甲苯的汽化热为 360kJ/kg，原料液的平均比热容为 158kJ/(kmol·℃)。苯-甲苯混合液的汽液相平衡数据（$t\text{-}x\text{-}y$ 图）见本章图 6-1。

 由例 6-4 和例 6-6 知：$x_F = 0.44$，$R = 2.0$，$F = 175\text{kmol/h}$，$D = 76.7\text{kmol/h}$。$W = 98.3\text{kmol/h}$。

精馏段内上升蒸气和下降液体的流量分别为

$$V = (R+1)D = (2+1) \times 76.7 = 230.1\text{kmol/h}$$
$$L = RD = 2 \times 76.7 = 153.4\text{kmol/h}$$

进料热状况参数为

$$q = \frac{I_V - I_F}{I_V - I_L} = \frac{c_{pm}(t_\text{泡} - t_F) + r_m}{r_m}$$

其中由图 6-1 查得 $x_F = 0.44$ 时进料泡点温度为

$$t_\text{泡} = 93℃$$

原料液平均汽化热为

$$r_m = 0.44 \times 389 \times 78 + 0.56 \times 360 \times 92 = 31900\text{kJ/kmol}$$

原料液的平均比热容为　　$c_{pm} = 158\text{kJ/kmol}$

故　　　　　　　　　　$q = 1 + \dfrac{158 \times (93 - 20)}{31900} = 1.36$

提馏段下降液体流量为

$$L' = L + qF = 153.4 + 1.36 \times 175 = 391\text{kmol/h}$$

提馏段上升蒸气流量为

$$V' = V + (q-1)F = 230.1 + (1.36 - 1) \times 175 = 293\text{kmol/h}$$

三、理论板层数的求法

理论板层数的求算方法较多，通常采用逐板计算法或图解法确定精馏塔的理论塔板数。在设计计算中，已知条件通常为进料量 F、进料液组成 x_F、馏出液组成 x_D、残液组成 x_W，进料的热状况、选定的回流比等。依上述数据，就可以根据操作线方程式与物系的汽液相平衡关系确定理论板的层数。

1. 逐板计算法

参照图 6-22，若塔顶采用全凝器，则从塔顶最上层塔板（第一层板）上升的蒸气进入冷凝器后全部冷凝，所得馏出液组成及回流液组成都与第一层塔板的上升蒸气组成相同，即

$$y_1 = x_D$$

由于离开每层理论板的汽、液两相是互成平衡的，故可由 y_1（或 x_D）用汽液相平衡方程求得 x_1。另外从下一层（第二层板）板的上升蒸气组成 y_2 与 x_1 满足精馏段操作线关系式(6-18) 则

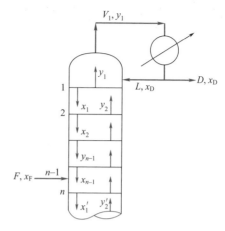

图 6-22 逐板计算法示意图

$$y_2 = \frac{R}{R+1}x_1 + \frac{x_D}{R+1}$$

同理，y_2 与 x_2 互成平衡，即可用汽液相平衡方程由 y_2 求得 x_2，以及再用式(6-18) 求得 y_3。如此重复计算，直至计算到 $x_n \leqslant x_F$ 时，说明第 n 层板是加料板（仅指饱和液体进料情况时），该板应属于提馏段。因此精馏所需理论板层数为 $n-1$ 层。应予注意，在计算过程中，每使用一次汽液相平衡方程，即表示需要一层理论板。

采用类似的方法求提馏段的理论塔板数，从加料板往下计算，并改用提馏段操作线方程。因为 $x_n = x_1'$，可用式(6-28) 即

$$y_2' = \frac{L+qF}{L+qF-W}x_1' - \frac{Wx_W}{L+qF-W}$$

求得 y_2'，再利用汽液相平衡方程由 y_2' 求 x_2' 如此重复计算到 $x_m' \leqslant x_W$ 为止。由于一般再沸器相当于一层理论板，故提馏段所需理论板层数为 $m-1$ 层。

2. 图解法

图解法求理论板的依据与逐板计算完全相同，只不过是**用相平衡曲线和操作线分别代替汽液相平衡方程和操作线方程**，用简便的图解法代替繁杂的计算。图解法中以 x-y 图解法最为常用。

现将 x-y 图解法求理论板层数的步骤说明如下。

（1）在 x-y 坐标图上作出平衡曲线和对角线。

（2）在 x-y 坐标图上作出操作线，如前所述，精馏段和提馏段操作线在 x-y 图上均为直线。根据已知条件分别求出二线的截距和斜率，便可作出这两条操作线。但实际作图时由于提馏段操作线的截距太小而且为负值，这样依前述两点法

在 x-y 相图上标绘提馏段操作线时，则会使代表截距的点 b' 与 $c(x_W、x_W)$ 离得很近，使作图不易准确。故通常找出提馏段操作线与精馏段操作线的交点，然后分别作出两条线。

① **精馏段操作线的作法** 若略去精馏段操作线方程中变量的下标，则得方程如式(6-18)

$$y=\frac{R}{R+1}x+\frac{x_D}{R+1}$$

上式与对角线 $y=x$ 联立求解，可得到精馏段操作线与对角线的交点，其坐标为 $x=x_D$，$y=x_D$ 如图 6-23 上的点 a 所示。该操作线的截距为 $x_D/(R+1)$，依此值定出在 y 轴的截距，如图 6-23 上的点 b 所示。连接 a、b 两点的直线即为精馏段操作线。

② **提馏段操作线的作法** 若略去提馏段操作线中变量的上、下标，则得方程式如式(6-28)

$$y'=\frac{L+qF}{L+qF-W}x'-\frac{W}{L+qF-W}x_W$$

上式与对角线方程 $y=x$ 联立求解，可得提馏段操作线与对角线的交点坐标为 $x=x_W$，$y=x_W$，如图 6-23 上的点 c 所示。为了反映进料热状况的影响，通常先找出提馏段操作线与精馏段操作线的交点，再将点 c 与交点相连即可得到提馏段操作线。

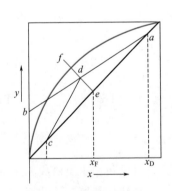

图 6-23 操作线与 q 线

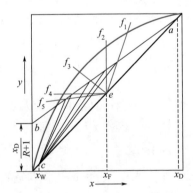

图 6-24 进料热状况对操作线的影响

两操作线的交点可由联立两操作线方程而得。为此，联立两操作线方程式，可得出两操作线交点的轨迹方程。

$$y=\frac{q}{q-1}x-\frac{x_F}{q-1} \tag{6-29}$$

式(6-29)即是两操作线交点的轨迹方程，也称 q 线方程或进料方程。该式亦为直线方程式，其斜率为 $q/(q-1)$，截距为 $-x_\mathrm{F}/(q-1)$。

将式(6-29)与对角线方程联立，解得 $x=x_\mathrm{F}$，$y=x_\mathrm{F}$，如图 6-23 上的点 e 所示。再从 e 点作斜率为 $q/(q-1)$ 的直线，如图 6-23 上的直线 ef，即为 q 线。此 ef 线与精馏段操作线 ab 相交于点 d，连接 c、d 两点的直线，即得到提馏段操作线。

③ 进料热状况对 q 线及操作线的影响 进料热状况不同，q 值及 q 线的斜率也就不同，故 q 线与精馏段操作线的交点亦因进料热状况不同而变动，从而提馏段操作线的位置也就随之而变化，当进料组成和分离要求一定时，进料热状况对 q 线在 x-y 图上的位置的影响如图 6-24 所示。不同进料热状况对 q 值、q 线的斜率和 q 线在 x-y 图上的位置的影响情况列于表 6-1 中。

表 6-1 进料热状况对 q 值及 q 线的影响

进料热状况	q 值	q 线的斜率 $\dfrac{q}{q-1}$	q 线在 x-y 图上的位置
冷液体	>1	$+$	ef_1（↗向上偏右）
饱和液体	1	∞	ef_2（↑垂直向上）
汽液混合物	$0<q<1$	$-$	ef_3（↖向上偏左）
饱和蒸气	0	0	ef_4（←水平线）
过热蒸气	<0	$+$	ef_5（↙向下偏左）

（3）图解方法 理论板层数的图解方法如图 6-25 所示。

自对角线上的点 a 开始，在精馏段操作线与平衡线之间作由水平线和铅垂线构成的直角梯级，即首先从点 a 作水平线与平衡线交于点 1，点 1 表示离开第一层理论板的液、汽组成 (x_1,y_1)，故由点 1 可定出 x_1。由点 1 作垂直线与精馏段操作线相交，交点 $1'$ 表示 (x_1,y_2)，即由交点 $1'$ 可定出 y_2。再由此点作水平线与平衡线交于点 2，可定出 x_2。这样，在平衡线与精馏段操作线之间作水平线和垂直线所构成梯级，

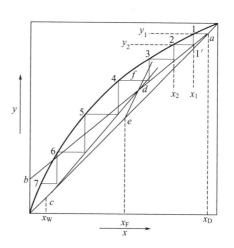

图 6-25 理论板层数的图解法

当梯级跨过两操作线交点 d 时，则改用在提馏段操作线与平衡线间绘梯级，直到梯级的垂线达到或超过点 $c(x_\mathrm{W},y_\mathrm{W})$ 为止。图中平衡线上每一个梯级的顶点表示一层理论板。其中过 d 点的梯级为进料板，最后一个梯级为再沸器。

在图 6-25 中图解结果为：梯级总数为 7，第 4 级跨过两操作线交点 d，即第 4 级为进料板，故精馏段理论板数为 3。因再沸器相当于一层理论板，故提馏段理论板数为 3。该分离过程需 6 层理论板（不包括再沸器）。

3. 适宜进料位置的确定

在上述确定理论板层数的逐板计算法中，计算到 $x_n \leqslant x_F$ 的梯级即代表适宜的加料板；在图解法中，图解到跨过两操作线交点 d 的梯级即代表适宜的加料板，这是因为对一定的分离任务而言，按上述方法选择进料板位置，可以使所需的总理论板层数为最少。

现以图解法为例说明。如图 6-26(c) 进料位置选择在第 5 层理论板。若梯级已跨过两操作线交点 d，不更换操作线，而仍在精馏段操作线和平衡线之间绘梯级，则所得总理论板数较多，如图 6-26(a) 所示。反之，如梯级还没有跨过交点 d，而过早地更换操作线，也同样会使总理论板层数较多，如图 6-26(b) 所示。由此可见，当梯级跨过两段操作线交点 d 以后，更换操作线作图，所定出的加料位置为适宜的进料位置。同理，在逐板计算法中，当计算到跨过交点 $d(x_n \leqslant x_F)$ 以后，改用提馏段操作线方程，亦基于上述理由。

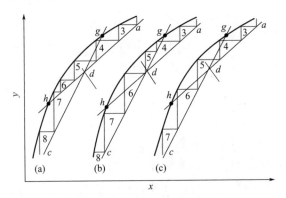

图 6-26 适宜进料的位置

最后应予指出，上述两种理论板层数的确定方法，都是基于恒摩尔流的假设。这个假设能成立的主要条件是混合液中各组分的摩尔汽化潜热相等或接近。对偏离这个条件较远的物系，如水-乙酸物系（乙酸的摩尔汽化潜热约只有水的 60%）就不能采用上述方法，需用其他方法确定理论板的层数。

例 6-9 需用一常压连续精馏塔分离含苯 40% 的苯-甲苯混合液，要求塔顶产品含苯 97% 以上。塔底产品含苯 2% 以下（以上均为质量分数）。采用的回流比 $R = 3.5$。试求下述两种进料状况时所需的理论板数：（1）饱和液体；（2）20℃ 液体。

解 应用图解法。由于相平衡数据是用摩尔分数，故需将各个组成从质量分数换算成摩尔分数。换算后得到：$x_F=0.44$，$x_D \geqslant 0.974$，$x_W \leqslant 0.0235$。

现按 $x_D=0.974$，$x_W=0.0235$ 进行图解。

（1）饱和液体进料

① 在 x-y 图上作出苯-甲苯的平衡线和对角线如本题附图1所示。

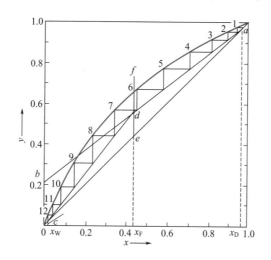

例 6-9 附图 1　饱和液体进料时，理论板层数的图解

② 在对角线上定点 $a(x_D,x_D)$，点 $e(x_F,x_F)$ 和点 $c(x_W,x_W)$ 三点。

③ 绘精馏段操作线　依精馏段操作线截距$=x_D/(R+1)=0.974/(3.5+1)=0.216$，在 y 轴上定出点 b，连 a、b 两点间的直线即得，如附图1中 ab 直线。

④ 绘 q 线　对于饱和液体进料，q 线为通过点 e 向上作垂线，如本题附图1中 ef 直线。

⑤ 绘提馏段操作线　将 q 线与精馏段操作线的交点 d 与点 c 相连即得，如附图1中 dc 直线。

⑥ 绘梯级　从附图1中点 a 开始在平衡线与精馏段操作线之间绘梯级，跨过点 d 后改在平衡线与提馏段操作线之间绘梯级，直到跨过点 c 为止。

由图中的梯级数得知，全塔理论板层数共12层，减去相当于一层理论板的再沸器，共需11层，其中精馏段理论板层数为6，提馏段理论板层数为5，自塔顶往下数第7层理论板为加料板。

（2）20℃冷液进料

①、②、③项与上述解法相同，其结果如本题附图2所示。

④ 绘 q 线　例 6-8 已算出 20℃冷液进料状况下 $q=1.36$，$q/(q-1)=3.78$。过 e 点作斜率为 3.78 的直线即得 q 线，q 线与精馏段操作线交于 d。

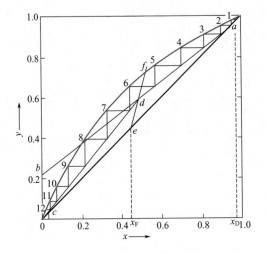

例 6-9 附图 2　冷液进料时，理论板层数的图解

⑤ 绘提馏段操作线　连 dc 即得如附图 2 中所示的 dc 直线。

⑥ 依图解法绘梯级　仍从 a 点起作梯级，可知全塔理论板层数共 12 层，减去再沸器相当的一层理论板，共需 11 层，其中精馏段理论板层数为 5，提馏段理论板层数为 6，自塔顶往下数第 6 层理论板为加料板。

四、实际塔板数的确定

以上讨论的为理论板，即离开各层塔板的汽、液两相达到平衡状态。但实际上，由于汽、液两相接触时间有限，使得离开塔板的蒸气与液体，一般不能达到平衡状态，即每一层塔板实际上起不到一层理论板的作用，理论板只是衡量实际板分离效果的标准。实际板偏离理论板的程度用全塔效率表示。全塔效率又称总板效率，是指一定分离任务下所需理论板数和实际板数的比值，即

$$E_T = \frac{N_T}{N_P} \times 100\% \tag{6-30}$$

式中　E_T——全塔效率，%；

　　　N_T——理论板数；

　　　N_P——实际板数。

全塔效率恒低于 100%。若已知在一定条件下的全塔效率，则由式（6-30）可求得实际板数。

由于影响塔效率的因素很多而且复杂，如物系性质、塔板形式与结构和操作条件等，因此目前还不能用纯理论公式计算塔效率。一般采用来自生产及中间实验的数据，或用经验式估算。

五、回流比的影响及其选择

前已述及，回流是保证精馏过程能连续进行稳定操作的必要条件之一，实际上在精馏中回流比还是影响设备费用和操作费用的一个重要因素。当进料的组成和受热状况已经给定，在要求的 x_D 及 x_W 的条件下进行精馏设计时，要选择适宜的回流比。

回流比有两个极限值，上限为全回流时的回流比，下限为最小回流比。适宜的回流比介于两极限值之间。

1. 全回流和最少理论板层数

若塔顶上升蒸气经冷凝后，全部回流到塔内，这种操作方式称为**全回流**。此时没有产品流出，通常是既不向塔内加料，也不从塔内取出产品，即 F、D、W 皆为零。全塔也就无精馏段和提馏段的区分，此时全塔只有一条操作线。

精馏段操作线的斜率为 $R/(R+1)$，当全回流时回流比为 $R=L/D=L/0=\infty$，所以斜率 $R/(R+1)=1$；此外精馏段操作线的截距为 $x_D/(R+1)$，当 $R=\infty$ 时，$x_D/(R+1)=0$，此时精馏段操作线在 x-y 相图上与对角线相重合，即操作线方程为 $y=x$。显然此时操作线和平衡线间距离最远；在操作线和平衡线之间所画的梯级跨度最大，因此，达到给定分离要求时，所需的理论板数最少，以 N_{min} 表示，可在 x-y 图上的平衡线和对角线之间直接图解而得，如图 6-27 所示。

全回流是回流比的上限，只用于精馏塔的开工阶段或实验研究中，对正常生产无实际意义。有时操作过程异常时，也会临时改为全回流操作，以便于过程的调节或控制。

2. 最小回流比

由图 6-28 可以看出，当回流从全回流逐渐减小时，精馏段操作线的截距则

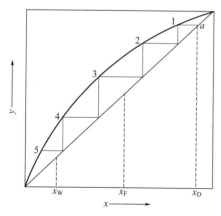

图 6-27 全回流最少理论板数的图解

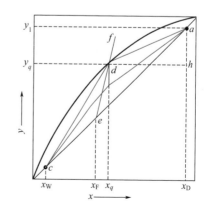

图 6-28 最小回流比的确定

随之逐渐增大，操作线的位置向平衡线靠近，为达到给定分离要求所需理论板数也逐渐增多，特别是当回流比减小到两段操作线交点逼近平衡线时，理论板层数的增加就更为明显。而当回流比减小到使两操作线的交点正落在平衡线上时（如图 6-28d 点所示），则表明进入点 d 区理论塔板的汽相组成同该区理论板回流的液相组成平衡，可见点 d 区内的理论板（在点 d 前后各板或进料板上、下区域）不起分离作用，所以这个区称为**恒浓区**（或称为**挟紧区**），点 d 称为**挟紧点**。此时若在平衡线和操作线之间绘梯级就无法通过点 d，而且需要无限多的梯级才能达到点 d，这种情况下的回流比称为**最小回流比**，以 **$R_{\min}$** 表示。对于给定的分离要求，它是回流比的下限值。

依作图法可得最小回流比的计算式。对于正常的相平衡曲线，参照图 6-28可知，当回流比为最小时精馏段操作线的斜率为

$$\frac{R_{\min}}{R_{\min}+1}=\frac{ah}{dh}=\frac{y_1-y_q}{x_D-x_q}=\frac{x_D-y_q}{x_D-x_q}$$

整理上式可得

$$R_{\min}=\frac{x_D-y_q}{y_q-x_q} \tag{6-31}$$

式中 　x_q、y_q——q 线与平衡线的交点坐标，可由图中读出。

对于有恒沸点的平衡曲线，如图 6-29 所示的乙醇-水物系的平衡曲线，具有下凹的部分，当操作线与 q 线的交点尚未落到平衡线上之前，操作线已与平衡线相切，如图中点 g 所示。点 g 附近已出现恒浓区，相应的回流比便是最小回流比。对于这种情况下的 $R_{\min}$ 的求法是由点 $a(x_D,x_D)$ 向平衡线作切线，再由切线的截距或斜率求之。如图 6-29 所示的情况，即可依下式计算 $R_{\min}$。

$$\frac{R_{\min}}{R_{\min}+1}=\frac{ah}{dh} \tag{6-32}$$

3. 适宜回流比的选择

由上面讨论可知，对于一定的分离任务，全回流和最小回流比，都不会为生产所采用。实际回流比应通过经济衡算来决定，以达到操作费用及设备折旧费用总和为最小。此时的回流比，即为适宜的回流比。

精馏的操作费用，主要决定于再沸器中加热蒸汽（或其他加热介质）消耗量及塔顶冷凝器中冷却水（或其他冷却介质）的消耗量，而两者又都取决于塔内上升蒸气量。因

$$V=L+D=(R+1)D$$
$$V'=V+(q-1)F$$

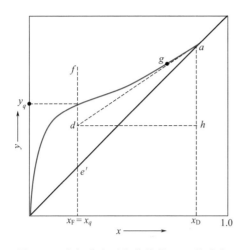

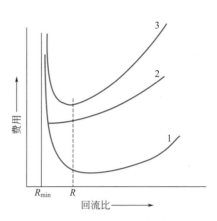

图 6-29　有恒沸点平衡曲线的 R_{min} 的确定　　　图 6-30　适宜回流比的确定

所以，当 F、D、q 一定时，上升蒸气量 V 和 V' 皆正比于 $(R+1)$。当 R 增大时，加热和冷却介质消耗量亦随之增加，操作费用则相应增加，如图 6-30 中线 2 所示。

　　设备折旧费是指精馏塔、再沸器、冷凝器设备的投资费乘以折旧率。如设备类型和材料已经选定，则此项费用主要决定于设备的尺寸。当 $R=R_{min}$ 时，塔板层数为∞，故设备费用为∞。但 R 稍大于 R_{min}，塔板层数便从∞锐减至某一有限层数，所以设备费明显降低。当 R 连续增大时，塔板层数固然仍随之减少，但已较缓慢；而另一方面由于 R 的增大，上升蒸气量也随之增加，从而使塔径、再沸器及冷凝器等尺寸相应增大，因此 R 增至某一值后，设备费用反而又回升，如图 6-30 中线 1 所示。

　　总费用为**设备折旧费**和**操作费**之和，如图 6-30 中线 3 所示。总费用最低值所对应的回流比，即为适宜的回流比。在通常情况下，一般并不进行详细的经济衡算，而是根据经验选取。适宜的回流比可取为最小回流比的 1.1～2 倍，即

$$R=(1.1\sim2)R_{min}$$

　　上述考虑的是一般的原则，实际回流比还应视具体情况选定。例如，对于难分离的混合液，应选用较大的回流比；又如为了减少加热蒸汽消耗量，就应选用较小的回流比。以上都是从设计角度进行分析的，即在给定的分离任务下（F、x_F、q、x_W、x_D 均给定），考虑 R 对设备的投资和经常操作费的影响而对 R 加以选择。但在生产中则是另外一种情况，因为设备已安装好，从而精馏塔的塔板数和再沸器的传热面积等都已固定，这时则需从操作状况的角度来考虑回流比的影响。例如：当精馏塔的塔板数已固定，若原料的组成及其受热状况也一定，则加大 R 可以提高产品的纯度（操作线改变），但由于再沸器的负荷一定（即上升

蒸气 V 一定），此时加大 R 会使塔顶产品量降低［因为 $V=(R+1)D$］，即降低塔的生产能力。回流比过大，将会造成塔内物料循环量过大，甚至破坏塔的正常操作；反之，减小回流比，情况正好相反。所以在生产中，回流比的正确控制与调节，是优质、高产、低消耗的重要因素之一。

 根据例 6-9 的数据，求饱和液体进料时的最小回流比。若取实际回流比为最小回流比的 1.6 倍，求实际回流比。

解 依式(6-31) 求算，即

$$R_{min}=\frac{x_D-y_q}{y_q-x_q}$$

饱和液体进料时，由例 6-9 的附图 1 中查出 q 线与平衡线交点坐标为

$$x_q=x_F=0.44, \quad y_q=0.66$$

所以

$$R_{min}=\frac{0.974-0.66}{0.66-0.44}=1.43$$

得 $\qquad R=1.6R_{min}=1.6\times1.43=2.29$

六、精馏装置的热量衡算

精馏装置主要包括精馏塔、再沸器和冷凝器。根据要求可对精馏装置的不同范围进行热量衡算，以求得再沸器和冷凝器的热负荷及其加热蒸汽和冷却水的用量。热量的计算均以 0℃ 的液体为基准。

1. 再沸器的热负荷

对图 6-31 的虚线框 Ⅱ 范围，以单位时间为基准，作全塔热量衡算，进入此范围的热量有三项。

（1）加热蒸气带入的热量 Q_h（kJ/h）

$$Q_h=W_h(I-i)$$

式中 W_h——加热蒸汽消耗量，kg/h；

$\quad I$——加热蒸汽的焓，kJ/kg；

$\quad i$——冷凝水的焓，kJ/kg。

（2）原料带入的热量 Q_F（kJ/h）。此项热量须依进料受热状况而定。设原料为液体（$q\geqslant1$），则

$$Q_F=Fc_Ft_F$$

式中 F——原料液的质量流量，kg/h；

$\quad c_F$——原料液的比热容，kJ/(kg·℃)；

t_F——原料液的温度，℃。

（3）回流液带入的热量 Q_R(kJ/h)

$$Q_R = DRc_Rt_R$$

式中　D——馏出液的质量流量，kg/h；

　　　R——回流比；

　　　c_R——回流液的比热容，kJ/(kg·℃)；

　　　t_R——回流液的温度，℃。

离开衡算范围的热量也有三项。

（1）塔顶蒸气带出的热量 Q_v(kJ/h)

$$Q_v = D(R+1)I_v$$

式中　I_v——塔顶上升蒸气的焓，kJ/kg。

（2）再沸器由残液带出的热量 Q_w(kJ/h)

$$Q_w = Wc_wt_w$$

式中　W——塔底产品的质量流量，kg/h；

　　　c_w——塔底产品的比热容，kJ/(kg·℃)；

　　　t_w——塔底产品的温度，℃。

（3）损失于周围介质的热量 Q_n （kJ/h）

热量衡算式

$$Q_h + Q_F + Q_R = Q_V + Q_w + Q_n$$

故再沸器的热负荷 Q_h 可由下式求出

$$Q_h = D(R+1)I_v + Wc_wt_w + Q_n - Fc_Ft_F - DRc_Rt_R$$

因为　　　　　　　　$Q_h = W_h(I-i)$

所以，再沸器内加热蒸汽消耗量为

$$W_h = \frac{Q_v + Q_w + Q_n - Q_F - Q_R}{I-i} \qquad (6\text{-}33)$$

2. 冷凝器的热负荷

对图 6-31 所示的虚线框线Ⅰ作热量衡算，以单位时间为基准。设塔顶蒸气进入冷凝器中全部冷凝放出热量为

$$Q_C = D(R+1)(I_v - c_Rt_R) \qquad (6\text{-}34)$$

式中　Q_C——全凝器的热负荷，kJ/h。

若流出液体处于饱和温度，则

$$Q_C = D(R+1)r_v \qquad (6\text{-}34a)$$

式中　r_v——塔顶蒸气的冷凝潜热，kJ/kg。

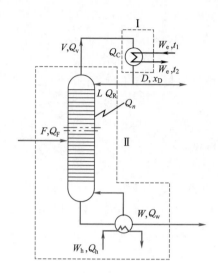

图 6-31　再沸器和冷凝器的热量衡算

冷却水的用量 W_C(kg/h)

$$W_C = \frac{Q_C}{c_C(t_2 - t_1)} \tag{6-35}$$

式中　t_1，t_2——冷却水的进、出口温度，℃；

　　　c_C——冷却水的比热容，kJ/(kg·℃)。

例 6-11 ≫　用例 6-4 和例 6-6 的数据及如下两种进料情况下，求再沸器中每小时各消耗加热蒸汽量：(1) 进料为正在泡点的饱和液体；(2) 进料为20℃的冷液体。假定所有加热蒸汽的压强为 200kPa（绝压），冷凝后的水在饱和温度排出，且塔的热损失可以略去不计。

解　对精馏塔作物料衡算求 D 和 W，得

$$15000 = D + W$$

$$15000 \times 0.4 = 0.97D + 0.02W$$

解得　　　　　　　$D = 6000\text{kg/h}, W = 9000\text{kg/h}$

对精馏塔作热量衡算求加热蒸汽消耗量，以 1h 为基准。

(1) 进料为正在泡点的液体

① 加热蒸汽带入的热量 Q_h　查上册附录得知加热蒸汽在 200kPa（绝压）下的焓及饱和液体的焓为：$I = 2709.2\text{kJ/kg}$，$i = 493.71\text{kJ/kg}$。所以

$$Q_h = W_h(I - i) = W_h(2709.2 - 493.71)$$

$$= 2215.49W_h\text{kJ/h}$$

② 原料液带入的热量 Q_F　查图 6-1 苯-甲苯的 t-x-y 图知进料组成为 $x_F=$ 0.44 时,混合液体的泡点为 93℃,所以原料液在平均温度(93/2=46.5℃)下的比热容由附录查得 $c_F \approx 1.75$kJ/(kg・℃)所以

$$Q_F = Fc_F t_F = 15000 \times 1.75 \times 93 = 2440000 \text{kJ/h}$$

③ 回流液带入热量 Q_R　因为回流液组成等于馏出液组成,现在 $x_D = 0.974$ (摩尔分数,接近于纯苯),所以可取苯的沸点温度代替馏出液的泡点温度即代替回流液的温度,$t_R = 80.1$℃。

查苯在平均温度 (80.1/2=40.1℃) 下的比热容代替回流液的平均比热容,由附录查得 $c_R \approx 1.73$kJ/(kg・℃)。

所以　　　$Q_R = DRc_R t_R = 6000 \times 3.5 \times 1.73 \times 80.1 = 2910000$kJ/h

④ 塔顶蒸气带出的热量 Q_v　查得苯的汽化潜热 $r_苯 \approx 390$kJ/kg,因此塔顶蒸气的焓依苯计算为:

$$I_v = 390 + 1.73 \times 80.1 = 529 \text{kJ/kg}$$

所以　　　$Q_v = D(R+1)I_v = 6000 \times (3.5+1) \times 529 = 14300000$kJ/h

⑤ 残液带出的热量 Q_w　残液组成为 $x_w = 0.0235$,故可视为纯甲苯,所以可取甲苯的沸点温度代替残液的泡点温度 $t_w = 110$℃。

查附录得甲苯在平均温度 (110/2=55℃) 下的比热容为 1.83kJ/(kg・℃),即 $c_w = 1.83$kJ/(kg・℃)

所以　　　　　$Q_w = Wc_W t_w = 9000 \times 1.83 \times 110 = 1810000$kJ/h

⑥ 加热蒸汽消耗量 W_h

由式(6-33) 得

$$W_h = \frac{Q_V + Q_W + Q_n - Q_F - Q_R}{I - i}$$

$$= \frac{14300000 + 1810000 + 0 - 2440000 - 2910000}{2709.2 - 493.71}$$

$$= \frac{10760000}{2215.49} = 4860 \text{kg/h}$$

(2) 进料为 20℃的冷液体　除 Q_F,其他各项热量均与上述泡点温度进料情况相同。

查原料液在平均温度 (20/2=10℃) 下的比热容,由附录查得 $c_F \approx 1.6$kJ/(kg・℃)。

所以　　　　　　$Q_F = Fc_F t_F = 15000 \times 1.6 \times 20 = 480000$kJ/h

由式(6-33) 得

$$W_h = \frac{14300000 + 1810000 + 0 - 480000 - 2910000}{2709.2 - 493.71}$$

$$=\frac{12720000}{2215.49}=5740\text{kg/h}$$

由上计算结果可见，进料为 $20℃$ 的冷液体时，较进料为泡点的饱和液体多消耗压强为 200kPa（绝压）的加热蒸汽量为 $5740-4860=880\text{kg/h}$，约相当于多消耗 18.1%。

七、影响精馏操作的主要因素

对于现有的精馏装置和特定的物系，精馏操作的基本要求是使设备具有尽可能大的生产能力（即更多的原料处理量），达到预期的分离效果（规定的 x_D、x_w），操作费用最低（在允许范围内，采用较小的回流比）。

影响精馏装置稳定操作的主要因素包括操作压强、进料组成和热状况、塔顶回流、全塔的物料平衡和稳定、冷凝器和再沸器的传热性能，设备散热情况等。以下就其主要影响因素予以简要分析。

（1）保持精馏装置进出物料平衡是保证稳定操作的必要条件　根据精馏塔的总物料衡算可知，对于一定的原料液流量 F 和组成 x_F，只要确定了分离程度 x_D 和 x_w，馏出液流量 D 和釜残液 W 也就被确定了。而 x_D 和 x_w 决定于汽液平衡关系，x_F、q、R 和理论板数 N_T 以及适宜的进料位置，因此 D 和 W 或采出率 D/F 与 W/F 只能根据 x_D 和 x_w 确定，而不能任意增减。否则进、出塔的两个组分的量不平衡，必然导致塔内组成变化，操作波动，使操作不能达到预期的分离要求。

（2）塔顶回流的影响　回流比是影响精馏过程分离效果的主要因素，所以它是生产中用来调节产品质量的主要手段。回流比增加，精馏段操作线斜率增大，传质的推动力增大，因此在一定理论板数的条件下，使馏出液组成 x_D 增高。另一方面，回流比增加，提馏段中汽液比增大，提馏段操作线斜率减小，传质推动力增大，所以在一定理论板数的条件下，釜残液组成 x_w 降低。这就是说 R 增大，分离效果变好。反之，当回流比减小时，x_D 减小而 x_w 增大即分离效果变差。

回流比增加，使塔内上升蒸气量及下降液体量均增加，若塔内汽液负荷超过允许值，则可能引起塔板效率下降，此时应减小原料液流量。回流比变化时再沸器和冷凝器的传热量也应相应发生变化。

（3）进料组成和进料热状况的影响　当进料状况（x_F 和 q）发生变化时，应适当改变进料位置，并及时调整回流比 R。一般精馏塔常设几个进料位置，以适应生产中进料状况，保证在精馏塔的适宜位置进料。如进料状况改变而进料位置不变，必然引起馏出液和釜残液组成的变化。

对特定的精馏塔，若 x_F 减小，则将使 x_D 和 x_W 均减小，欲保持 x_D 不变，则应增大回流比。

第四节 板式塔

一、板式塔主要类型的结构与特点

板式塔的类型很多，主要是在于塔内所设置的塔板结构不同。板式塔的塔板可分为**有降液管**及**无降液管**两大类，如图 6-32 所示。在有降液管的塔板上，有专供液体流通的降液管，每层板上的液层高度可以由适当的**溢流挡板**调节。在塔板上汽、液两相呈错流方式接触。常用的板型有泡罩塔、浮阀塔、筛板塔等。

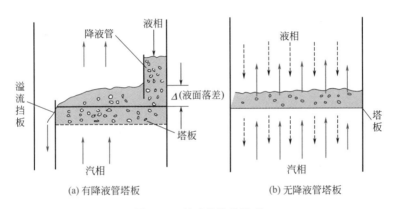

(a) 有降液管塔板　　(b) 无降液管塔板

图 6-32　板式塔结构类型

M6-2　板式塔外形　　　　　M6-3　板式塔简述

在无降液管的塔板上，没有降液管，汽、液两相同时逆向通过塔板上的小孔，故又称**穿流板**。这种塔板结构简单，在塔板上，汽、液两相呈逆流方式接触。常用的板型有筛孔及栅缝隙式穿流板等。

现将几种主要类型的板式塔分述于下。

1. 泡罩塔

泡罩塔是生产中应用最早的板式塔，而且也是 100 多年来板式塔中用得最广的一种。泡罩塔板的基本结构如图 6-33 所示。塔板上装有多个升气管，由于升

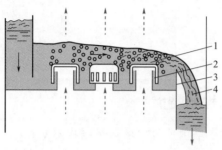

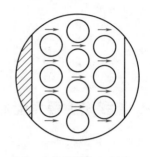

(a) 泡罩塔板结构和操作状态示意图　　　　(b) 泡罩塔板平面图

图 6-33　泡罩塔板

1—泡罩；2—升气管；3—堰板；4—溢流堰

气管高出液面，故板上液体不会从中漏下。升气管上覆盖钟形泡罩，泡罩下部周边开有许多齿缝。操作状况下，齿缝浸没于板上液层之中，形成液封。上升气体通过齿缝被分散成细小的气泡或流股进入液层。板上的鼓泡液层或充气的泡沫体为汽、液两相提供了大量接触面积。液体通过降液管流下，并依靠溢流堰以保证塔板上存有一定厚度的液层。

　　泡罩的形式不一，化工生产中应用最广泛的是圆形泡罩，如图 6-34 所示。圆形泡罩的标准尺寸有：A 型，ϕ80mm（用于直径 1.2m 以下的塔），ϕ100mm（用于直径 1～3m 的塔）；B 型，ϕ150mm（用于直径 3m 以上的塔）。其在塔板上作等边三角形排列，泡罩中心距为泡罩直径的 1.25～1.5 倍，而泡罩外缘间的距离一般在 25～75mm，以保持良好的鼓泡效果。

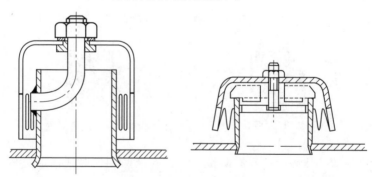

图 6-34　泡罩的结构

　　泡罩塔的优点是操作性能稳定，操作弹性大；塔板不易堵塞，能处理含少量污垢的物料。缺点是塔板结构复杂、金属耗量大、造价高、安装和维修不便；气体流动路线曲折，塔板上液层较厚，增大了气体流动阻力；液体流过塔板时因阻力而有液面落差，板上液层深浅不同；致使气量分布不均，影响了板效率的提高。在新建的化工厂中，泡罩塔已很少建造。

2. 浮阀塔

浮阀塔于 20 世纪 50 年代开始在工业上广泛使用，20 世纪 60 年代初国内对其进行了试验研究，并取得了成果，目前仍为许多工厂进行蒸馏操作时选用的一种塔型，效果较好。

浮阀塔板的构造与泡罩塔板相似，但用浮阀代替泡罩，并且没有升气管，只是在带降液管的塔板上开有若干个大孔（标准孔为 39mm），在每孔上装有一个可以上、下浮动的**阀片**，浮阀有多种形式，国内最常采用的阀片形式为 FI 型和 V-4 型，十字架型浮阀也有应用，如图 6-35 所示。

(a) FI型浮阀　　　　　　　(b) V-4型浮阀　　　　　　　(c) 十字架型浮阀

图 6-35　几种浮阀类型

FI 型浮阀（国外称 V-1 型）构造如图 6-36 所示。阀片本身有三条"腿"插入阀孔后将各腿底脚板转 90°角，用以限制操作阀片在板上升起的最大高度（8.5mm）；阀片周边冲出三块略向下弯的定距片，以使阀片处于静止位置时仍与塔板间留有一定的缝隙（2.5mm）。FI 型阀直径为 48mm，分为重阀和轻阀两种。重阀采用厚度为 2mm 的薄钢板冲制，每个阀约重 33×10^{-2} kg；轻阀采用厚度为 1.5mm 的薄钢板冲制，每个阀约重 2.5×10^{-2} kg。轻阀惯性小，易振动，关阀时有滞后，但压强降小，常用于减压蒸馏。一般场合都采用重阀。

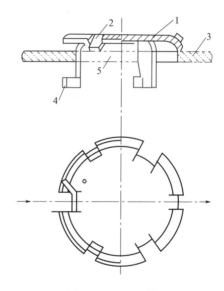

图 6-36　FI 型浮阀
1—阀片；2—定距片；3—塔板；
4—底脚；5—阀孔

V-4 型浮阀的特点是塔板上的阀孔被冲成向下弯曲的文丘里形，用以减少气体通过塔板时的压强降，阀片除腿部相应增长外，其余结构尺寸与 FI 型轻阀无异。V-4 型浮阀适用于减压系统。

十字架型浮阀制造与安装比较复杂。此型浮阀是借助于固定塔板上的支架以限制拱形阀片的运动范围，多用于易腐蚀、含颗粒或易聚合的介质。

浮阀塔操作时，如果气体流速较低，浮阀仍静止在塔板上，气体通过浮阀架在塔板上的最小开度处鼓泡通过液层，气体流速增大到最大流速的 20% 左右时，浮阀开始被吹起。因为塔板上有液体位差，各浮阀被吹开的时间并不一致，靠近溢流堰的因液层浅而先吹起。此外，随气速的变化，浮阀吹起的程度也不同。被吹起的浮阀在液层中上下浮动。当气速达到最大流速的 70% 左右时，所有浮阀全被吹起，开度为 8.5mm。浮阀稳定的位置只有全开和全闭，但在这范围内，浮阀可因气速变化而在液层中上下浮动，自动地调节气体流通面积，保持气体吹入液层时，形成良好的泡沫状态，因此浮阀塔能在相当广的气速范围内稳定操作。塔板上通过浮阀的气液接触情况如图 6-37 所示。气体在塔板上的水平方向喷出，使气液有较长的接触时间，雾沫夹带量也比泡罩塔为少；同时，气流方向有利于气液接触和湍动，加上上面所述及浮阀能自由浮动调节，使浮阀塔能在较大负荷范围内，保持较高的分离效率。

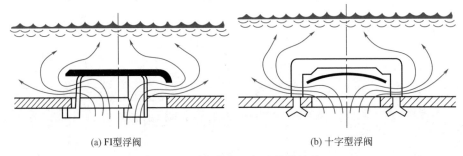

(a) FI型浮阀   (b) 十字型浮阀

图 6-37　浮阀塔板上气液接触情况

实践证明浮阀塔具有下列优点。

（1）生产能力大　由于浮阀安排比较紧凑，塔板的开孔面积大于泡罩塔板，故其生产能力约比圆形泡罩塔板的大 20%～40%，而与下面将介绍的筛板塔相近。

（2）操作弹性大　由于阀片可以自由升降以适应气量的变化，故其维持正常操作所允许的负荷波动范围比泡罩塔及下面将介绍的筛板塔都宽。

（3）塔板效率高　由于上升气体以水平方向吹入液层，故汽液接触时间较长而雾沫夹带量较小，因此塔板效率较高，比泡罩塔板效率可高 15% 左右。

（4）气体压强降及液面落差较小　因汽、液流过浮阀塔板时所遇到的阻力较小，故气体的压强降及板上液面落差都比泡罩塔板的小。

（5）结构较简单，安装亦较方便　浮阀塔的造价约为泡罩塔的 60%～80%，而为下面将介绍的筛板塔的 120%～130%。

3. 筛板塔

筛板塔也是最早用于化工生产的塔设备之一，20 世纪 60 年代初，结构简单的筛板塔，在克服了自身的某些缺点之后，应用又日益增多起来。筛板的结构如

图 6-38 所示。在塔板上开的许多均匀分布的筛孔，上升气流通过筛孔分散成细小的流股，在板上液层中鼓泡而出，与液体密切接触。筛孔在塔板上按正三角形排列，其直径一般为 3～8mm，推荐采用 4～5mm，孔心距与孔径之比常在2.5～5.0 范围内。近年来逐渐采用大孔径（$\phi 10$～25mm）的筛板。塔板上设置溢流堰，以使板上维持一定高度的液层。在正常操作范围内，通过筛孔上升的气流，应能阻止液体经筛孔向下泄漏。液体通过降液管逐板下流。

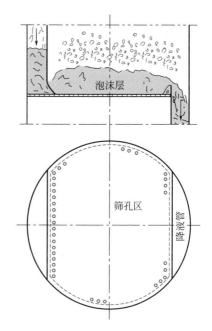

图 6-38　筛板结构和
操作状态示意图

筛板塔的操作情况说明如下。

（1）当气速很低时，液体经部分筛孔淋下，气体经另一部分筛孔上升，在筛板上并不形成液层，汽液接触面极小。

（2）随气速的增大，筛板产生的压强降增大，液体通过筛孔下流受到较大阻力，在筛板上开始形成液层，这点称为拦液点。在拦液点时，液体主要仍通过部分筛孔下流。

（3）继续增大气速，液层增厚并超过溢流堰高度，气体以鼓泡通过液体，部分液体从降液管下流，但仍有部分液体通过部分筛孔下漏，可是漏液量逐渐减少。当气速达到某一数值时，筛孔全部被气体吹开，此时经筛孔的漏液停止，液体全部经降液管下流。这点称为漏液点。这时，气体主要以鼓泡形式通过筛板上的液层，但鼓泡并不剧烈。

（4）在漏液点以后继续提高气速，筛板上的液层中出现鼓泡层（接近筛板处）、泡沫层（气泡剧烈搅动液体形成泡沫）和雾沫层（液体被喷散成雾沫而分散在气流中）。泡沫层中液体被喷成薄膜或喷流状态，此时有很大表面与气体接触，并存在强烈搅动，而造成汽、液两相传热、传质的良好场合。

（5）若再进一步提高气速，泡沫和雾沫的形成加剧，以致气速到达一定值时，雾沫夹带严重，相当于将液体经汽相倒流至上一层塔板，此时正常操作已被破坏，这点称为液泛点。

筛板塔的主要优点是结构简单，金属耗量小，造价低廉；气体压强降小，板上液面落差也较小，而生产能力及板效率较泡罩塔为高。主要缺点是操作弹性范围较窄，小孔筛板容易堵塞，近年来有采用 $\phi 10$～25mm 的筛孔，在设计合理下仍可稳定操作，而且不易堵塞，同样可以获得比较满意的塔板效率。

4. 穿流栅孔板塔

穿流栅孔板塔是无溢流装置的筛板（或栅板）塔。这种塔的塔板亦称淋降板，是一种结构简单的板型，没有降液管，塔板上开有栅缝或筛孔，汽、液两相同时逆流通过。如图 6-39 所示。

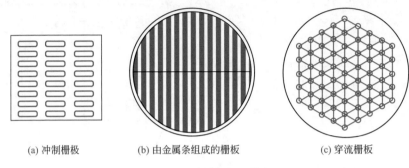

(a) 冲制栅极   (b) 由金属条组成的栅板   (c) 穿流栅板

图 6-39　穿流栅板和筛板

穿流筛板的孔径为 4~12mm，常用为 5~10mm。开孔率为 10%~30%，压强高时取小些，真空系统取大些。穿流栅板可以用钢板冲压出长条形缝隙，也可用金属条或其他条形材料（木材、玻璃），缝宽为 3~12mm，一般以 4~8mm 较适宜。穿流栅板还可以用管排代替，对于热效应大的场合特别适宜，因为在管内可以通冷却介质。

操作时气体由孔或缝中上升，对液体产生阻滞作用，在板上造成一定的液层。气体穿过部分筛孔或缝鼓入此液层，形成泡沫层和雾滴层进行气液接触。在塔板上与气体接触的液体又不断地通过部分筛孔或缝落下，在筛孔或缝中形成了气、液的上下穿流。但气、液并非同时在所有同一筛孔中穿流，而是气流通过部分筛孔或缝，在塔板上与液体形成鼓泡层；液体则经另一部分筛孔或缝落下，而且气、液交叉通过的孔或缝的位置是不断变化着的，显然气速太小时，塔板上不会积液，只有达到一定气速即前述之拦液点，板上才开始积液。进一步增大气速，板上形成泡沫层和雾沫层。气速再增大到一定程度后，雾沫夹带严重，液层充满了塔板空间，液层向上倒流，形成液泛。穿流塔板要求在拦液点至液泛点气速范围内操作，一般希望气速接近液泛处，因为此时不仅处理量大，分离效率也高。

这种塔板约出现在 20 世纪 20 年代的炼油工业中，近年来应用益广，它具有下述特点：①结构简单、加工容易、安装检修简便；②塔板面积利用率高，生产能力大，比泡罩塔提高 30%~50%，有时可以达到一倍至二倍；③压降小，由于开孔率大，压强降比泡罩塔小 40%~80%；④投资省，节约金属材料；⑤塔板也可以用塑料、陶瓷、石墨等非金属材料制造，故其耐腐蚀性能较好；⑥穿流塔的塔板效率比一般有降液管的板式塔略低，低 30%～60%；⑦穿流塔的操作弹性小，小于一般有降液管的板式塔，负荷变化过大时，则效率下降，甚至难以维持气、液的正常接触，因而操作条件控制要求严格。生产中已证明了穿流塔板具有较好的操作性能。

为提高塔的操作弹性，还采用双孔径筛板，如图 6-40 所示。双孔径筛板有集中型和混合型两种。集中型是四周安排大孔，中部为小孔。混合型则大、小孔在板上均匀排列。小孔通气体，大孔则同时通过气体和液体，因此

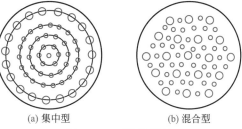

(a) 集中型   (b) 混合型

图 6-40 双孔径筛板

液体从小孔向大孔流下，使大孔起溢流作用。这样就使塔板有了错流的特性，延长了汽、液两相接触时间。同时比单孔筛板能在更低的气速进行操作，因此扩大了操作范围，但扩大得很有限。

二、板式塔的流体力学性能与操作特性

1. 板式塔的流体力学性能

（1）塔板上汽液流动　板式塔的结构设计意图，一方面是使汽、液两相在塔板上进行充分接触以增强传质效果；另一方面是在总体上使汽、液两相在塔内保持逆流，并在塔板上使汽、液相保持均匀的错流接触，以获得较大的传质推动力。但是汽、液相在塔内的实际流动与上述设计意图是有许多偏离的。

塔板为汽、液两相进行密切接触的场所，板上汽、液两相的流动情况，对塔板的性能有直接影响。这里以筛板为例，如图 6-41 所示，先对正常的流动加以说明。

液体从上一层板经降液管流到板面的 A 处（图 6-41 左侧），因降液管下沿与第一列（左起）筛孔之间有间隙，故在一小段内即 A 与 B 之间的液体基本上为清液，内含泡沫不多。B 与 C 之间为塔板的工作区，液层中充满气泡，成为泡沫层，板的工作区内泡沫的高度常为静液层高度的数倍。液体到达 C 处不再鼓泡，至 D 处成为清液，夹带少量泡沫越过溢流堰顶而流入降液管。在管内因溅散而有另外一些泡沫生成。液体在其下降的过程中，所含气体必须分离出来而上升到降液管顶部，返回原来的塔板面以上，否则便有一部分上层板的气体被带到下层板去。

气体从板底下经筛孔进入板面，通过液层鼓泡而出，离开液面时带出一些小液滴，一部分可能随气流进到上一层板，称为液(雾)沫夹带。雾沫夹带将导致板

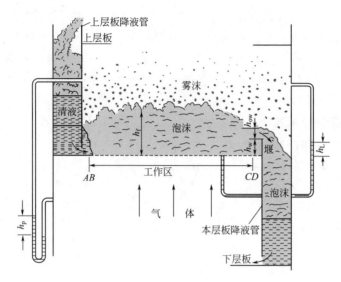

图 6-41　塔板上的汽液流动情况

效率下降。

　　液体从板面一侧流到另一侧要克服阻力，故进口侧的液面比出口侧的液面稍高，此称为**液面落差**或**液面坡度**。液面落差过大，可使气流不均，会导致板效率下降。

　　上面所述为塔板上操作正常的情况。若操作条件达到某种极限条件而使上述雾沫夹带严重到一定程度，即破坏了塔的正常操作。故塔的设计中必须使其操作条件与极限条件保持一定的距离，才能使塔保持正常的操作。

　　（2）气体通过塔板的压强降　　压强降是塔板的重要流体力学特性之一。气体通过塔板的压强降直接影响到塔底的操作压强，故此压强降数据是决定蒸馏塔塔底加热温度的主要依据。压强降过大，会使塔的操作压强改变很大，这对汽液平衡关系的影响有时是不容忽视的，特别是真空蒸馏时，由于塔顶与塔底之间的压强降过大，釜内压强升高过多，便使真空操作的特点丧失。此外，塔的压强降对塔内汽、液两相的正常流动也有着直接的影响，故其对分析塔板的操作状况也很有用。

　　（3）液面落差　　如图 6-42 所示，液体从上层板的降液管底部流到本层板降液管顶部溢流堰的过程中，要流过整个板面及绕过板上面的部件（如泡罩、浮阀），为了克服板面上摩擦阻力、障碍物的形体阻力和气流造成的阻力，需要一定的液位差。这就是上一层板降液管外侧的液面高 h_{Li} 与本层板降液管顶溢流堰处的液面高 h_{Lo} 之差，以符号 Δ 表示。

　　气体在塔板上下的压强降沿板面基本均匀，若板面上有比较大的液面落差，气体便趋向于在液层较薄的一侧大量通过，而在液层较厚的一侧则很少通过或根

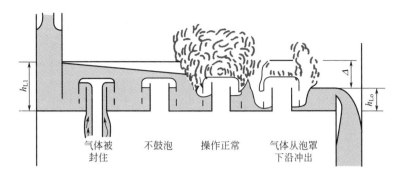

气体被　　不鼓泡　　操作正常　　气体从泡罩
封住　　　　　　　　　　　　　　下沿冲出

图 6-42　泡罩塔板上液面落差过大所引起的气流分布不均现象

本不通过。如发生上述情况，塔的操作便恶化，板效率大为下降。一般应将液面落差控制在

$$\frac{\Delta}{h_c} < 0.5 \qquad (6\text{-}36)$$

式中，h_c 为干板压强降（对泡罩塔指气体通过泡罩及其下沿缝隙的压强降，对筛板塔指通过筛孔的压强降），以清液柱高度表示。

液面落差在泡罩塔板上比较显著，引起气流分布不均的可能性较大；浮阀塔板液面落差较小，但在大塔中且液体流量大时，对板面上液位高的一侧，阀片较难升起，亦会导致气流分布不均。筛板塔上的液面落差都很小（除非塔径很大而液体流量也特别大），其影响常可忽略。

各种塔板的液面落差计算方法不同，有多种经验公式，详见专著或手册。

2. 板式塔的操作性能

（1）塔板上的异常操作现象　塔板上异常操作现象包括液泛、液沫夹带和漏液等，是使塔板效率降低甚至使操作无法进行的重要因素。因此，应尽量避免这些异常操作现象的出现。

① 液泛（淹塔）　直径一定的塔，可供汽、液两相作逆流流动的自由截面是有一定限度的。两相中之一的流量增大到某一数值，上、下两层板间的压强降便会增大到使降液管内的液体不能顺畅地下流。当降液管内的液体满到上一层塔板溢流堰顶之后，便漫到上层塔板上去，这种现象，称为液泛（亦称淹塔）。

如当气体流量过大时，便有大量液滴从泡沫层中喷出，被气体带到上一层塔板，或有大量泡沫生成，充塞于两板之间的空处。在此情况刚出现时，降液管可能未被充满，但被带到上一层板上的液体终究要流回下层，于是增大了降液管的负荷，且板与板之间的空处被泡沫与液滴充塞之后，压强降便剧增，下层板的压强超过上层板很多，致使降液管内的液体便不能顺畅地流下，而漫至管上口的堰顶，于是就会出现淹塔现象。

　　如当液体流量过大时，降液管的截面便不足以使液体及时通过，于是管内液面即行升高，若高至管上口的堰顶，即导致淹塔。在此现象出现之前，过量的液沫夹带未必发生，但因此滞留在板上的液体增多后，泡沫层就增厚，过量的液沫夹带随即发生。

　　上述两种导致液泛的情况中，比较常遇到的是气体流量过大，故设计时均先以不发生液沫夹带为原则，定出气速的上限，在此限度内再选定一个合理的操作气速。随后还要根据液体流量核检降液管截面积是否足够，以防止液泛现象的发生。

　　② **液（雾）沫夹带**　液沫夹带是指板上液体被上升气流带入上一层塔板的现象。前曾述及板式塔操作时多少总有些液沫夹带，但过多的液沫夹带将导致液相在塔板间的返混，使板效率严重下降。为维持正常操作，需将液沫夹带限制在一定范围，一般允许的液沫夹带量为 0.1kg 液/kg 气以下，即使每千克上升气体夹带到上一层塔板的液体量不超过 0.1kg。

　　③ **漏液**　在正常操作的塔板上，液体横向流过塔板，然后经降液管流下。当气体通过塔板的速度较小时，气体通过升气孔道的动压不足以阻止板上液体经孔道流下时，便会出现漏液现象。漏液的发生导致汽液两相在塔板上的接触时间减少，使得板效率下降；严重泄漏会导致塔板不能积液而无法正常操作。通常，为保证塔的正常操作，泄漏量应不大于液体流量的 10%。

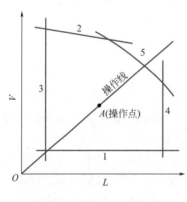

图 6-43　塔板负荷性能图

　　（2）**塔板的负荷性能图**　影响板式塔操作状况和分离效果的主要因素为物料性质、塔板结构及汽液负荷，对一定的分离物系，当选定塔板类型后，其操作状况和分离效果便只与汽液负荷有关。要维持塔板正常操作和塔板效率的基本稳定，必须将塔内汽液负荷限制在一定范围内，该范围即为塔板的负荷性能。将此范围在直角坐标系中，以液相负荷 L 为横坐标，汽相负荷 V 为纵坐标进行绘制，所得图形称为塔板的负荷性能图，如图 6-43 所示。

　　负荷性能图由以下五条线组成。

　　① **漏液线**　图中线 1 为漏液线，又称汽相负荷下限线。当操作的汽相负荷低于此线时，将发生严重的漏液现象。此时的漏液大于液体流量的 10%。塔板的适宜操作区应在该线以上。

　　② **液（雾）沫夹带线**　图中线 2 为液体夹带线，又称汽相负荷上限线。如操作的汽相负荷超过此线时，表明液沫夹带现象严重，此时液沫夹带量超过每千

克上升气体夹带 0.1kg 液体的范围。塔板的适宜操作区应在该线以下。

③ **液相负荷下限线** 图中线 3 为液相负荷下限线。若操作的液相负荷低于此线时，表明液体流量过少，板上液流不能均匀分布，易产生干吹、偏流等现象，导致塔板效率的下降。塔板的适宜操作区应在该线以右。

④ **液相负荷上限线** 图中线 4 为液相负荷上限线。若操作液相负荷高于此线时，表明液体流量过大，此时液体在降液管内停留时间过短，进入降液管内的气泡来不及与液相分离而被带入下层塔板，造成汽相返混，使塔板效率降低。塔板的适宜操作区应在该线以左。

⑤ **液泛线** 图中线 5 为液泛线，若操作的汽液负荷超过此线时，塔内将发生液泛现象，使塔不能正常操作。塔板的适宜操作区应在该线以下。

以上五条线所包围的区域便是塔的**适宜操作范围**。

(3) 板式塔的操作分析 操作时的汽相负荷 V 与液相负荷 L 在负荷性能图上的坐标点称为**操作点**。在连续精馏塔中，回流比为定值。

则
$$\frac{V_S}{L_S} = \frac{(R+1)DM_V/\rho_V}{RDM_L/\rho_L} \tag{6-37}$$

式中　　R——回流比；

M_L，M_V——液相和汽相的平均摩尔质量，kg/kmol；

ρ_L，ρ_V——液相和汽相的平均密度，kg/m³；

D——馏出液的摩尔流量，kmol/h。

由上式看出，在固定塔板上处理一定物系，M_V、M_L、ρ_L、ρ_V 均取平均值，可视为定值，故操作的汽液比 V/L 也为定值。因此，每层塔板上的操作点是沿通过原点，斜率为 V/L 的直线而变化，该直线称为操作线。操作线与负荷性能图上曲线的两个交点分别表示塔的上下操作极限，两极限的气体流量之比称为塔板的**操作弹性**。设计时，应使操作点尽可能位于适宜操作区的中央，若操作点紧靠某一条边界线，则负荷稍有波动时，塔的正常操作即被破坏。

应予指出，当分离物系和分离任务确定后，操作点的位置即固定。因负荷性能图中各条线的相应位置随着塔板的结构尺寸而变；因此在设计塔板时，根据操作点在负荷性能图的位置，适当调整塔板结构参数，可改进负荷性能图，以满足所需的操作弹性。例如：加大板间距可使液泛线上移；减小塔板开孔率可使漏液线下移；增大降液管面积可使液相负荷上限线右移等。

塔板负荷性能图在板式塔的设计和操作中具有重要意义。通常，当塔板设计后均要作出塔板负荷性能图，以检验设计的合理性。对于操作中的板式塔，也需要作出负荷性能图，以分析操作状况是否合理。当板式塔操作出现问题时，通过塔板负荷性能图可分析问题所在，为问题解决提供线索。

第五节　特殊蒸馏

一、恒沸精馏

若在组分沸点相近或具有恒沸组成的物系中，加入第三组分（称为挟带剂），该组分能与原料液中一个或两个组分形成新的恒沸液，从而使原料液能用精馏方法分离，这种精馏操作称为**恒沸精馏**。

例如，常压下乙醇-水溶液为具有恒沸物的双组分物系，其恒沸组成为含乙醇95.57%（质量），此亦为一般精馏稀乙醇溶液所能达到的最高浓度。为了制取无水乙醇，要在乙醇-水恒沸液中加入适量的挟带剂苯，则可构成各种新的恒沸物。如表6-2所示。其中以苯、乙醇、水的三元恒沸物沸点为最低，自塔顶蒸出，而无水乙醇从塔底得到。

表 6-2　乙醇、水、苯的恒沸混合物

混合物	乙醇质量分数/%	水质量分数/%	苯质量分数/%	恒沸点/℃
乙醇与水	95.57	4.43	—	78.15
苯与水	—	8.83	91.17	69.25
乙醇与苯	32.4	—	67.6	68.25
乙醇、苯与水	18.5	7.4	74.1	64.85

图6-44为制无水乙醇的恒沸精馏流程示意图，只要苯量适当，原料液中的水分可全部转移到新恒沸液中，因而使乙醇-水溶液得到分离。

由图6-44可见，原料液与苯进入恒沸精馏塔1中，由于常压下此三元恒沸液的恒沸点为64.85℃，故其由塔顶先蒸出；温度升到68.25℃时，蒸出的是乙醇与苯的二元恒沸混合物；随着温度继续上升，苯与水的二元恒沸混合物和乙醇与水的二元恒沸混合物也先后蒸出。这些恒沸物把水从塔顶带出，在塔底产品为近乎纯的乙醇。塔顶蒸气进入冷凝器4中冷凝后，部分液相

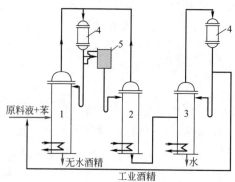

图 6-44　制无水乙醇的恒沸
精馏流程示意图
1—恒沸精馏塔；2—苯回收塔；
3—乙醇回收塔；4—冷凝器
（全凝器）；5—分层器

回流到塔 1，其余进入分层器 5，在器内分为轻、重两层液体。轻相为富苯相，返回到塔 1 作为补充回流；重相为富水相，送入苯回收塔 2 的顶部，以回收其中的苯。塔 2 的蒸气由塔顶引出，也进入冷凝器 4，塔 2 底部产品为稀乙醇，被送入乙醇回收塔 3 中。塔 3 中塔底产品几乎是纯水。在操作中苯是循环使用的，但因有损耗，故隔一段时间后需补充一定量的苯。

恒沸精馏可以分离具有最低恒沸点的溶液、具有最高恒沸点的溶液以及挥发度相近的物系。恒沸精馏的流程取决于挟带剂与原有组分所形成的恒沸液性质。

在恒沸精馏中，选择适宜的挟带剂是很重要的。对挟带剂的基本要求如下。

（1）挟带剂应能与被分离组分形成新恒沸液，其恒沸点要比纯组分的沸点为低，一般要求沸点差不小于 10℃，并且希望将料液中含量较少的一个组分作为恒沸物一起从塔顶蒸出，这可使操作的热能消耗尽可能低。

（2）新恒沸液所含挟带剂的量愈低愈好，以便减少挟带剂用量及汽化、回收时所需的热量。

（3）新恒沸物最好为非均相混合物，便于用分层法分离。例如，上例中乙醇-水-苯三元恒沸物是非均相的，可以用简单的分层方法以回收苯。

（4）无毒性、无腐蚀性，热稳定性好。

（5）价廉易得。

以上各点，一般难以同时满足。

二、萃取精馏

在被分离的混合液中加入专门选择的第三组分（萃取剂），以增加原有组分的相对挥发度而得到分离。但要求萃取剂的沸点较组分的沸点高得多，且不与组分形成恒沸液。萃取精馏常用于分离各组分挥发度差别很小的溶液。

例如，在常压下苯的沸点为 80.1℃，环己烷的沸点为 80.73℃，若在苯-环己烷溶液中加入萃取剂糠醛，则溶液的相对挥发度就发生显著变化，如表 6-3 所示。

表 6-3 溶液中加入萃取剂后相对挥发度 α 的变化

溶液中糠醛的摩尔分数	0	0.2	0.4	0.5	0.6	0.7
相对挥发度	0.98	1.38	1.86	2.07	2.36	2.7

由表 6-3 可见，相对挥发度随萃取剂量增加而增高。

苯-环己烷混合物萃取精馏的流程如图 6-45 所示。原料液进入萃取精馏塔 1 中，萃取剂（糠醛）由塔 1 顶部加入，以便在每层板上都与苯相结合，塔顶蒸出的为环己烷蒸气。为了回收微量的糠醛蒸气，在塔 1 上部设置回收段 2（若萃取剂的沸点很高，也可以不设回收段）。塔底釜液为苯-糠醛混合液，再送入苯分离

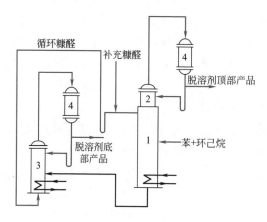

图 6-45　苯-环己烷混合物萃取精馏流程示意图
1—萃取精馏塔；2—萃取回收段；
3—苯分离器；4—冷凝器

器 3 中回收。由于常压下苯的沸点为 80.1℃，糠醛的沸点为 161.7℃，故两者很容易分离。苯分离器 3 中釜液为糠醛，可循环使用。在上述操作过程中，萃取剂基本上不被汽化，也不与原料液形成恒沸液，这些都是与恒沸精馏不同之处。

选择适宜萃取剂时，主要应考虑以下几点。

（1）萃取剂应使原组分相对挥发度发生显著的变化。

（2）萃取剂的挥发性应小，即其沸点应较纯组分高，否则易从塔顶挥发损失。且不与原组分形成恒沸液。

（3）无毒性、无腐蚀性、热稳定性好。

（4）回收容易，价廉易得。

阅读材料

分子蒸馏技术简介

分子蒸馏是一种真空条件下采用的蒸馏分离技术，利用各物质分子运动平均自由差而达到混合物分离的一项技术。分子蒸馏技术能够解决传统蒸馏技术所不能解决的问题。分子蒸馏技术不仅能够对一些远远低于液体沸点温度的原料进行蒸馏，还可以用于那些高沸点、热敏性、易氧化物质，与传统蒸馏技术相比，具有纯度高、效率快等优点，因此被广泛应用在香料、药品等领域。目前，分子蒸馏技术已发展为高新液-液分离技术，国内外正在进行工业化开发应用。

一、分子蒸馏的基本原理

分子蒸馏的原理是依靠不同物质分子逸出后的运动平均自由程的差异来实现物质的分离。轻组分分子的平均自由程大，重组分分子的平均自由程小，若在离液面小于轻分子的平均自由程而大于重分子平均自由程处设置一冷凝面，使得轻分子落在冷凝面上被冷凝，而重分子因达不到冷凝面而返回原来的液面，从而使混合物分离。图 6-46 是分子蒸馏原理示意图，其蒸馏过程分为以下五个步骤：

（1）物料在加热面上的液膜形成：通过机械方式在蒸馏器加热面上产生快速移动、厚度均匀的薄膜。

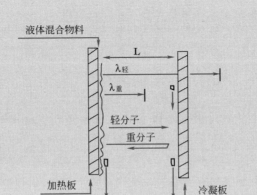

液体混合物料

L

$\lambda_{轻}$

$\lambda_{重}$

轻分子

重分子

加热板

冷凝板

重组分   轻组分

图 6-46 分子蒸馏原理适宜图

(2)分子在液膜表面上的自由蒸发:分子在高真空远低于沸点的温度下进行蒸发。

(3)分子从加热面向冷凝面的运动:只要蒸馏器保证足够高的真空度,使蒸发分子的平均自由程大于或等于加热面和冷凝面之间的距离,则分子向冷凝面的运动和蒸发过程就可以迅速进行。

(4)分子在冷凝面上的捕获:只要加热面和冷凝面之间达到足够的温度差,冷凝面的形状合理且光滑,轻组分就会在冷凝面上进行冷凝,该过程可以在瞬间完成。

(5)馏出物和残留物的收集:由于重力作用,馏出物在冷凝器底部收集。没有蒸发的重组分和返回到加热面上的极少轻组分残留物由于重力和离心力作用,滑落到加热器底部或转盘外缘。

二、分子蒸馏技术的特点

(1)蒸馏温度低。普通蒸馏是在沸点温度下进行分离,而分子蒸馏只要冷、热两面之间达到足够的温度差,就可进行分离。分子蒸馏技术能够在较低温度下完成蒸馏过程,不需要对液体混合物进行较长时间的加热。

(2)蒸馏压强低。传统形式上所使用的蒸馏设备塔板和设备中填料具有阻力,这就导致蒸馏过程中难以满足较高真空度要求,而分子蒸馏设备由于结构简单,因此在使用中极易达到较高真空度。

(3)分离程度高。分子蒸馏技术与传统蒸馏技术相比,最显著的优点就是分离纯度更高,可以满足传统蒸馏技术所不能分离物质的需求。

(4)受热时间短。由于冷凝面与加热面较小,因此在短时间的加热条件下,轻分子就可以触碰冷凝面,极大地缩短了加热时间,减少了热损耗。

（5）清洁环保。分子蒸馏技术在使用的过程中，不会残留污染，也不会排放有害物质，能够对原材料进行最大限度的保护。

三、分子蒸馏设备及特点

1. 降膜式分子蒸馏器

降膜式分子蒸馏器主要由蒸发器与冷凝器组成，物料在填充完成后，会依靠重力作用而形成一层薄膜。降膜式分子蒸馏器具有液膜厚度小、停留时间短、热解率低等优点，且降膜式分子蒸馏器能够满足连续工作需求，具有较强的生产能力。但降膜式分子蒸馏器的液膜厚度不匀，在蒸馏过程中极易出现液膜翻滚问题，造成物质组分分解。

2. 离心式分子蒸馏装置

离心式分子蒸馏装置的工作原理是通过高速旋转的转盘，将液膜作均匀处理，且利用加热将液膜挥发，并在冷凝面上冷凝。由于液膜在转盘上停留的时间短，因此物料分离量有了很大提升。

四、分子蒸馏技术应用

分子蒸馏技术是一种比较温和、能最大限度保持物质本来属性的分离手段，特别适用于高沸点、热敏性及易氧化物料的分离。目前，已被广泛应用于各行各业。主要应用领域如下：

（1）石油化工：用于碳氢化合物的分离，炼油渣油及其类似物质的分离，表面活性剂的提纯及化工中间体的精制等，如高碳醇及烷基多苷、乙烯基吡咯烷酮等的纯化，羊毛酸酯、羊毛醇酯等的制取。

（2）塑料工业：用于增塑剂的提纯，高分子物质的脱臭，树脂类物质的精制等。

（3）食品工业：用于分离混合油脂，可获纯度达90%以上的单甘油酯，如硬脂酸单甘油酯、月桂酸单甘油酯、丙二醇甘油脂等；提取脂肪酸及其衍生物，生产二聚脂肪酸等；从动植物中提取天然物质，如鱼油、米糠油、小麦胚芽油等。

（4）医药工业：适用于提取合成及天然维生素A、天然维生素E，制取氨基酸及葡萄糖衍生物等。

（5）香料工业：适用于处理天然精油，脱臭、脱色、提高纯度，使天然香料的品位大大提高，如桂皮油、玫瑰油、香根油、香茅油、山苍子油等。

 思考题

6-1 相组成表示方法有哪几种？它们之间的换算关系如何？

6-2 何谓拉乌尔定律？并列式说明。

6-3 何谓挥发度与相对挥发度？

6-4 区别简单蒸馏与精馏，并分析精馏原理。

6-5 什么叫理论塔板？实际塔板数是如何求得的？

6-6 分析塔顶回流对精馏分离效果的影响。

6-7 板式塔异常操作现象有哪些？并分析产生的原因。

6-1 乙醇和水的混合液中，乙醇的质量为 25kg，水的质量为 15kg。试求乙醇在混合液中的质量分数和摩尔分数。

6-2 工业用酒精中，含乙醇的质量分数为 95%，试以摩尔分数表示该酒精中乙醇和水的组成。

6-3 生产合成氨的原料氮氢混合气体中，两组分体积之比为 $V_{N_2}:V_{H_2}=1:3$。氮氢混合气体可视为理想气体。试求：（1）氮与氢的体积分数；（2）混合气体为 1.013×10^5 Pa 总压时，氮和氢的分压；（3）以摩尔分数表示该混合气体中氮与氢的组成；（4）以质量分数表示该混合气体中氮与氢的组成；（5）混合气体的摩尔质量。

6-4 试根据书中苯-甲苯混合液的 t-x-y 图，对苯的摩尔组成为 0.40 的苯和甲苯混合蒸气求以下各项：（1）混合蒸气开始冷凝的温度及凝液的瞬间组成；（2）若将混合蒸气冷却到 100℃时，将成什么状态？各相的组成为何？（3）混合蒸气被冷却到能全部冷凝成为饱和液体时的温度？

6-5 试根据书中例 6-2 附表 1 的数据计算：（1）苯和甲苯在各温度下的相对挥发度；（2）根据最低与最高温度的数据，计算苯对甲苯相对挥发度的平均值 a_m，并依相平衡方程，作此物系的 x-y 图。

6-6 某连续操作的精馏塔，每小时蒸馏 5000kg 含乙醇 15%（质量分数，以下同）的水溶液，塔底残液内含乙醇 1%，试求每小时可获得多少千克含乙醇 95% 的馏出液及残液量。

6-7 某精馏塔的进料成分为丙烯 40%，丙烷 60%，进料为 2000kg/h。塔底产品中丙烯含量为 20%（以上均为质量分数），流量 1000kg/h。试求塔顶产品的产量及组成。

6-8 在连续操作的精馏塔中，每小时要求蒸馏 2000kg 含水 90%（质量分数，以下同）的乙醇水溶液。馏出液含乙醇 95%，残液含水 98%，若操作回流比为 3.5，问回流量为多少？

6-9 将含 24%（摩尔分数，以下同）易挥发组分的某混合液送入连续操作的精馏塔，要求馏出液中含 95% 的易挥发组分，残液中含 3% 易挥发组分。塔顶每小时送入全凝器 850kmol 蒸气，而每小时从冷凝器流入精馏塔的回流量为 670kmol。试求每小时能抽出多少 kmol 残液量？回流比为多少？

6-10 用某精馏塔分离丙酮-正丁醇混合液。料液含 30% 丙酮，馏出液含 95%（以上均为质量分数）的丙酮，加料量为 1000kg/h，馏出液量为 300kg/h，进料为沸点状态。回流比为 2。求精馏段操作线方程和提馏段操作线方程。

6-11 连续精馏塔的操作线方程如下：

精馏段　　$y=0.75x+0.205$

提馏段　$y=1.25x-0.020$

试求泡点进料时，原料液、馏出液、釜液组成及回流比。

6-12　欲设计一连续操作的精馏塔，在常压下分离含苯与甲苯各 50% 的料液。要求馏出液中含苯 96%，残液中含苯不高于 5%（以上均为摩尔分数）。泡点进料，操作时所用回流比为 3，物系的平均相对挥发度为 2.5。试用逐板计算法求所需的理论板层数与加料板位置。

6-13　在常压下欲用连续操作精馏塔将含甲醇 35%、含水 65% 的混合液分离，以得到含甲醇 95% 的馏出液与含甲醇 4% 的残液（以上均为摩尔分数）。操作回流比为 1.5，进料温度为 20℃。试用图解法求理论板层数。

6-14　设题 6-13 所述的精馏塔的总板效率为 65%，试确定其实际塔板数。

6-15　含苯 44% 及甲苯 56% 的混合液，于常压下进行精馏，要求塔顶馏出液含苯 97.4%，釜液含甲苯 97.6%（均为摩尔分数）。求此混合液在：（1）泡点下的最小回流比；（2）20℃ 冷液下的最小回流比。

6-16　今欲在连续精馏塔中将甲醇 40% 与水 60% 的混合液在常压下加以分离，以得到含甲醇 95%（均为摩尔分数）的馏出液。进料温度为泡点温度。若取回流比为最小回流比的 1.5 倍，试求实际回流比 R。

6-17　用某常压精馏塔分离酒精水溶液，其中含 30% 酒精，70% 的水。每小时饱和液体进料量为 4000kg。塔顶产品含 91% 酒精，塔底残液中酒精不得超过 0.5%（以上均为质量分数）。试求每小时馏出液量及残液量为多少（kmol）？当操作回流比为 2，总塔板效率为 70% 时，求实际塔板数为多少？常压下酒精水溶液的平衡数据如习题 16-7 附表：

习题 16-7 附表

温度 $t/℃$	酒精摩尔分数		温度 $t/℃$	酒精摩尔分数	
	液相中	气相中		液相中	气相中
100.0	0.00	0.00	81.5	32.73	58.26
95.5	1.90	17.00	80.7	39.65	61.22
89.0	7.21	38.91	79.8	50.79	65.64
86.7	9.66	43.75	79.7	51.98	65.99
85.3	12.38	47.04	79.3	57.32	68.41
84.1	16.61	50.89	78.74	67.63	73.85
82.7	23.37	54.45	78.41	74.72	78.15
82.3	26.08	55.80	78.15	89.43	89.43

第七章

吸收

　　吸收是分离气体混合物的单元操作。这种操作是使混合气体与选择的某种液体相接触时，利用混合气体中各组分在该液体中**溶解程度的差异**，有选择地使混合气体中一种或几种组分溶于此液体而形成溶液，其他未溶解的组分仍保留在气相中，以达到从混合气体中分离出某些组分的目的。在吸收操作过程中，能够溶解于液体中的气体组分称为**吸收质**（或溶质）；而不被吸收的气体称为**惰性气体**（或载体）；所用的液体称为**吸收剂**（或溶剂）；吸收操作所得到的液体称为**溶液**，其主要成分为吸收剂和溶质；剩余的气体为吸收尾气，其主要成分应为惰性气体，还含有残余的吸收质。

　　吸收过程通常在吸收塔中进行。为了使气液两相充分接触，可以采用板式塔或填料塔，少数情况下也选用喷洒塔。如图 7-1 为一逆流吸收操作示意图。吸收剂自塔顶上部喷淋而下，塔底部排出溶液；混合气体由塔底部进入，塔顶部排出

M7-1　吸收-解吸操作

M7-2　吸收流程

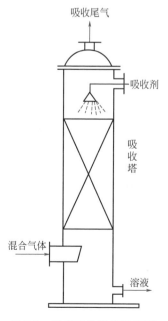

图 7-1　逆流吸收操作示意图

吸收尾气。气、液两相在塔内进行逆向接触的过程中，混合气体内吸收质就转移到吸收剂中，达到了从混合气体中分离出某种组分的目的。

吸收在化工生产中应用甚为广泛，主要用来达到以下几种目的。

（1）**分离混合气体以获得一个或几个组分。**例如，用硫酸处理焦炉气以回收其中的氨；用洗油处理焦炉气以回收其中的苯、二甲苯等；用液态烃处理石油裂解气以回收其中乙烯、丙烯等。

（2）**除去有害组分以净化气体。**例如，用水或碱液脱除合成氨原料气中的二氧化碳，以及用铜氨液除去原料气中的一氧化碳等。

（3）**制取成品。**例如，用水吸收氯化氢以制取盐酸；用水吸收二氧化氮制取硝酸等。

（4）**废气处理、尾气回收。**生产过程中排出的废气，对环境有污染时，排出之前要进行处理而使之净化，此时可利用吸收的方法变害为利，做到综合利用。例如磷肥生产中，放出含氟的废气具有强烈的腐蚀性，即可采用吸收操作处理，可采用水及其他盐类溶液吸收制成有用的氟硅酸钠、冰晶石等；又如硝酸厂尾气中含氮的氧化物，可以用碱液吸收制成硝酸钠等有用的物质。

在吸收过程中，如果吸收质与吸收剂之间不发生显著的化学反应，可以当作单纯是气体溶解于液体的物理过程，则称为物理吸收；如果吸收质与吸收剂之间发生显著的化学反应，则称为化学吸收。若混合气体只有一个组分进入吸收剂，其余组分皆可认为不溶解于吸收剂，这样的吸收过程称为单组分吸收；如果混合气体中有两个或更多个组分进入液相，则称为多组分吸收。吸收质溶解于吸收剂中时，常伴有热效应，当发生化学反应时，还会有反应热，其结果是使溶液温度逐渐升高，这样的吸收过程称为非等温吸收；如果热效应很小，或被吸收的组分在气相中浓度很低，而吸收剂的用量相对很大时，温度升高并不显著，则可认为是等温吸收。本章主要是讨论低浓度、单组分的等温、物理吸收的原理与设备。

第一节　吸收的气液相平衡

一、相组成的表示方法

吸收过程中，气体混合物和液体混合物的总量，都随吸收过程的进行而改变，但惰性组分和吸收剂在吸收前后不变，故常采用质量比或摩尔比表示相的组成，以简化吸收过程的计算。

1. 质量比

混合物中某两个组分的质量之比称为质量比，用符号 X_w（或 Y_w）表示。若混合物中组分 A 的质量为 $m_A(kg)$，组分 B 的质量为 $m_B(kg)$，则组分 A 对 B 的

质量比为

$$X_{\text{w,A}}(\text{或} Y_{\text{w,A}}) = \frac{m_{\text{A}}}{m_{\text{B}}} \tag{7-1}$$

$m_{\text{A}} = m w_{\text{A}}$，$m_{\text{B}} = m w_{\text{B}}$，代入式(7-1) 得

$$X_{\text{w,A}}(\text{或} Y_{\text{w,A}}) = \frac{m w_{\text{A}}}{m w_{\text{B}}} = \frac{w_{\text{A}}}{w_{\text{B}}} \tag{7-2}$$

2. 摩尔比

混合物中某两个组分的物质的量之比称为摩尔比，用符号 X（或 Y）表示。若混合物中组分 A 的物质的量为 n_{A}，组分 B 的物质的量为 n_{B}，则组分 A 对 B 的摩尔比为

$$X_{\text{A}}(\text{或} Y_{\text{A}}) = \frac{n_{\text{A}}}{n_{\text{B}}} \tag{7-3}$$

$n_{\text{A}} = n x_{\text{A}}$，$n_{\text{B}} = n x_{\text{B}}$，代入式(7-3) 得

$$X_{\text{A}}(\text{或} Y_{\text{A}}) = \frac{n x_{\text{A}}}{n x_{\text{B}}} = \frac{x_{\text{A}}}{x_{\text{B}}} = \frac{x_{\text{A}}}{1 - x_{\text{A}}} \tag{7-4}$$

设 M_{A} 和 M_{B} 分别表示 A 和 B 两组分的摩尔质量，若混合物质量 $m = 1\text{kg}$，则 A 组分的质量为 $m_{\text{A}}(\text{kg})$，或物质的量为 $(m_{\text{A}}/M_{\text{A}})(\text{kmol})$；B 组分的质量为 $m_{\text{B}}(\text{kg})$，或物质的量为 $(m_{\text{B}}/M_{\text{B}})(\text{kmol})$。于是，由摩尔比的定义可得

$$X_{\text{A}}(Y_{\text{A}}) = \frac{n_{\text{A}}}{n_{\text{B}}} = \frac{\dfrac{m_{\text{A}}}{M_{\text{A}}}}{\dfrac{m_{\text{B}}}{M_{\text{B}}}} = \frac{m_{\text{A}} M_{\text{B}}}{m_{\text{B}} M_{\text{A}}} = X_{\text{w,A}} \frac{M_{\text{B}}}{M_{\text{A}}} \tag{7-5}$$

混合物物质的量 $n = 1\text{kmol}$，则 A 组分有 $n_{\text{A}}(\text{kmol})$ 其质量为 $M_{\text{A}} n_{\text{A}}(\text{kg})$；B 组有 $n_{\text{B}}(\text{kmol})$，其质量为 $M_{\text{B}} n_{\text{B}}(\text{kg})$。于是，由质量比的定义可得

$$X_{\text{w,A}}(\text{或} Y_{\text{w,A}}) = \frac{M_{\text{A}} n_{\text{A}}}{M_{\text{B}} n_{\text{B}}} = X_{\text{A}} \frac{M_{\text{A}}}{M_{\text{B}}} \tag{7-6}$$

式(7-5) 和式(7-6) 表明了质量比与摩尔比之间的关系。

在吸收中计算质量比或摩尔比时，A 组分是指吸收质，B 组分是指吸收剂或惰性组分。

例 7-1 >> 氨水的浓度为 25%（质量），求氨对水的质量比和摩尔比。

（1）质量比

由式(7-2) 得

$$X_{w,NH_3} = \frac{0.25}{0.75} = 0.333 \frac{kgNH_3}{kgH_2O}$$

（2）摩尔比

由式(7-5) 得

$$X_{NH_3} = X_{w,NH_3} \frac{M_{H_2O}}{M_{NH_3}} = 0.333 \times \frac{18}{17} = 0.353 \frac{kmolNH_3}{kmolH_2O}$$

例 7-2 >> 空气和 CO_2 的混合气体中，CO_2 的体积分数为 20%，求 CO_2 对空气的摩尔比和质量比。

 （1）摩尔比

$$y_A = \frac{V_A}{V}$$

故 CO_2 的摩尔分数为 $\qquad y_{CO_2} = 0.2$

由式(7-4) 得 $\qquad Y_{CO_2} = \frac{y_{CO_2}}{y_{空气}} = \frac{0.2}{0.8} = 0.25 \frac{kmolCO_2}{kmol 空气}$

（2）质量比

由式(7-6) 得 $\qquad Y_{w,CO_2} = Y_{CO_2} \frac{M_{CO_2}}{M_{空气}} = 0.25 \times \frac{44}{29} = 0.379 \frac{kgCO_2}{kg 空气}$

二、气体在液体中的溶解度

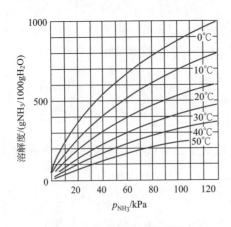

图 7-2 氨在水中的溶解度

在一定的温度和压强下，使混合气体与一定量的吸收剂相接触，气相中的溶质便向液相吸收剂中转移，直到液相中溶质达到饱和浓度为止。此时并非没有溶质分子进入液相，而是由于在任何瞬间内，溶质进入液相中的分子数与从液相中逸出的溶质分子数相等，所以宏观上过程就像停止一样。这种状况称为**相际动平衡**，简称**相平衡**。平衡状态下气相中的溶质分压称为**平衡分压**或**饱和分压**；而液相中的溶质浓度称为平衡浓度或称饱和浓度，即在当时条件下气体在液体中的溶解度。溶解度表明一定条件下吸收过程可能达到的极限程度，习惯上用单位质量的液体中所含溶质的质量来表示，即 kg 气体溶质/kg 液体溶剂。

溶解度的大小是随着物系、温度和压强而异，通常由实验测定。如图 7-2、图 7-3、图 7-4 分别表示出氨、二氧化硫和氧在水中溶解度与其气相平衡分压之间的关系（以温度为参数）。图中的关系线称为溶解度曲线。

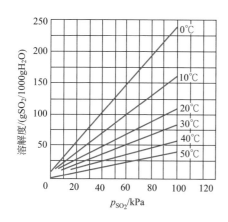

图 7-3　二氧化硫在水中的溶解度

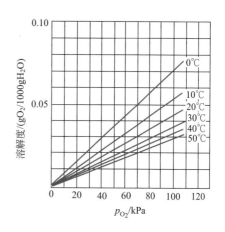

图 7-4　氧在水中的溶解度

由图可以看出：

（1）在同一种溶剂（水）中，不同气体的溶解度有很大差异。例如，当温度为 20℃ 时，气相中溶质分压为 20kPa，每 1000kg 水中所能溶解的氨、二氧化硫和氧的质量分别为 170kg、22kg 和 0.009kg。这表明氨易溶于水，氧难溶于水，而二氧化硫居中。

M7-3　气体在液体中的溶解度

（2）同一溶质在相同的温度下，随着气体分压的提高，在液相中的溶解度加大。例如，在 10℃ 时，当氨在气相中的分压分别为 40kPa 和 100kPa 时，每 1000kg 水中溶解氨的质量分别为 395kg 和 680kg。

（3）同一溶质在相同的气相分压下，溶解度随温度降低而加大。例如，当氨的分压为 60kPa 时，温度从 40℃ 降至 10℃，每 1000kg 水中溶解氨从 220kg 增加至 515kg。

由溶解度曲线所显示的规律可知：加压和降温可提高气体的溶解度，对吸收操作有利；反之，升温和减压不利于吸收操作。溶解度是分析吸收操作过程的基础，关于气体在液体中的溶解度，至今已发表了许多数据，这些实测值载于有关手册之中以供查用。

三、亨利定律

亨利定律是描述互成平衡的气、液两相间组成关系的经验定律。随着对气、液相间平衡关系的大量实验数据的积累，得知在一定温度下，当总压强不很高（通常指总压小于 500kPa）时，稀溶液上方气体溶质的平衡分压与该溶质在液相中的组成之间，存在着如下的关系

$$p^* = Ex \tag{7-7}$$

式中　p^*——溶质在气相中的平衡分压，kPa；

　　　x——溶质在液相中的摩尔分数；

　　　E——亨利系数，其数值随物系的性质及温度而异，单位与压强的单位一致。

式(7-7) 称为亨利定律。此式表明：稀溶液上方的溶质分压与该溶质在液相中的摩尔分数成正比，比例常数称为亨利系数。表 7-1 中列出了若干气体水溶液的亨利系数。

从表 7-1 所列的数据看出：同一溶剂中，难溶气体的 E 值很大，易溶气体的 E 值很小，对一定的气体和一定的溶剂，一般 E 值随温度升高而增大，体现出气体溶解度随温度升高而减小的变化趋势。

表 7-1　若干气体水溶液的亨利系数

气体	温　度/℃															
	0	5	10	15	20	25	30	35	40	45	50	60	70	80	90	100
	$E \times 10^{-6}$/kPa															
H_2	5.87	6.16	6.44	6.70	6.92	7.16	7.39	7.52	7.61	7.70	7.75	7.75	7.71	7.65	7.61	7.55
N_2	5.35	6.05	6.77	7.48	8.15	8.76	9.36	9.98	10.5	11.0	11.4	12.2	12.7	12.8	12.8	12.8
空气	4.38	4.94	5.56	6.15	6.73	7.30	7.81	8.34	8.82	9.23	9.59	10.2	10.6	10.8	10.9	10.8
CO	3.57	4.01	4.48	4.95	5.43	5.88	6.28	6.68	7.05	7.39	7.71	8.32	8.57	8.57	8.57	8.57
O_2	2.58	2.95	3.31	3.69	4.06	4.44	4.81	5.14	5.42	5.70	5.96	6.37	6.72	6.96	7.08	7.10
CH_4	2.27	2.62	3.01	3.41	3.81	4.18	4.55	4.92	5.27	5.58	5.85	6.34	6.75	6.91	7.01	7.10
NO	1.71	1.96	2.21	2.45	2.67	2.91	3.14	3.35	3.57	3.77	3.95	4.24	4.44	4.54	4.58	4.60
C_2H_6	1.28	1.57	1.92	2.66	2.90	3.06	3.47	3.88	4.29	4.69	5.07	5.72	6.31	6.70	6.96	7.01
	$E \times 10^{-5}$/kPa															
C_2H_4	5.59	6.62	7.78	9.07	10.3	11.6	12.9	—	—	—	—	—	—	—	—	—
N_2O	—	1.19	1.43	1.68	2.01	2.28	2.62	3.06	—	—	—	—	—	—	—	—
CO_2	0.738	0.888	1.05	1.24	1.44	1.66	1.88	2.12	2.36	2.60	2.87	3.46	—	—	—	—
C_2H_2	0.73	0.85	0.97	1.09	1.23	1.35	1.48	—	—	—	—	—	—	—	—	—
Cl_2	0.272	0.334	0.399	0.461	0.537	0.604	0.669	0.75	0.80	0.86	0.90	0.97	0.99	0.97	0.96	—
H_2S	0.272	0.319	0.372	0.418	0.489	0.552	0.617	0.686	0.755	0.825	0.889	1.04	1.21	1.37	1.46	1.50
	$E \times 10^{-4}$/kPa															
SO_2	0.167	0.203	0.245	0.294	0.355	0.413	0.485	0.567	0.661	0.763	0.871	1.11	1.39	1.70	2.01	—

由于相组成有不同表示方法，致使亨利定律有多种表达形式。若溶质在液相中的浓度用物质的量浓度 c 表示，则亨利定律可写成如下形式，即

$$p^* = \frac{c}{H} \tag{7-8}$$

式中　c——单位体积溶液中溶质的量，$kmol/m^3$；

　　　H——**溶解度系数**，$kmol/(m^3 \cdot kPa)$。

溶解度系数的数值随物系而变，同时也是温度的函数。对一定的溶质和溶剂，H 值随温度升高而减小。易溶气体有很大的 H 值，而难溶气体的 H 值则很小。

对于稀溶液，H 值可由下式近似估算，即

$$H = \frac{\rho}{EM_s} \tag{7-9}$$

式中　ρ——溶液的密度，kg/m^3，对于很稀的溶液，ρ 可取纯溶剂的密度值；

　　　M_s——溶剂的摩尔质量，$kg/kmol$。

若溶质在气相与液相中的组成，分别用**摩尔分数** y 及 x 表示，亨利定律又可写成如下形式

$$y^* = mx \tag{7-10}$$

式中　y^*——与液相成平衡的气相中溶质的摩尔分数；

　　　x——液相中溶质的摩尔分数；

　　　m——相平衡常数，无单位。

若系统的总压为 p，则依道尔顿分压定律可知，溶质在混合气体中的分压为

$$p = py$$

同理　　　　　　　　　$p^* = py^*$

将上式代入式(7-7) 中可得

$$py^* = Ex$$

将此式与(7-10) 比较，可知

$$m = \frac{E}{p} \tag{7-11}$$

相平衡常数 m 也是依实验结果计算出来的数值。对于一定物系，它是温度和压强的函数。由 m 值的大小同样可以比较不同气体溶解度的大小，m 值愈大，则表明该气体的溶解度愈小。由式(7-11) 可以看出，温度升高、总压下降则 m 值增大，不利于吸收操作。

若溶质在液相和气相中的组成分别用摩尔比 X 及 Y 表示时，则依式(7-4)

可知

$$x = \frac{X}{1+X} \qquad (7\text{-}12)$$

$$y = \frac{Y}{1+Y} \qquad (7\text{-}13)$$

将式(7-12)、式(7-13)代入式(7-10)可得

$$\frac{Y^*}{1+Y^*} = m\frac{X}{1+X}$$

整理后得 $$Y^* = \frac{mX}{1+(1-m)X} \qquad (7\text{-}14)$$

式中 Y^*——气、液相平衡时，1kmol 惰性组分中含有气体溶质的物质的量（kmol）；

X——气、液相平衡时，1kmol 吸收剂中含有气体溶质的物质的量（kmol）；

m——相平衡常数。

式(7-14)是用摩尔比表示亨利定律的一种形式。此式在 Y-X 直角坐标系中的图形是通过原点的一条曲线，如图 7-5 所示。此图线称为气、**液相平衡线**或**吸收平衡线**。当溶液浓度很低时，式(7-14)分母趋近于 1，于是该式可简化为

$$Y^* = mX \qquad (7\text{-}15)$$

式(7-15)是亨利定律又一种表达形式，它表明当液相中溶质溶解度足够低时，气液相平衡关系在 Y-X 图中，也可近似地表示成通过原点的直线。其斜率为 m，如图 7-6 所示。

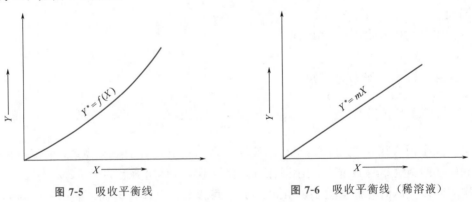

图 7-5 吸收平衡线　　　　　　　图 7-6 吸收平衡线（稀溶液）

上述亨利定律的各种表达式所表示的都是互成平衡的气、液两相组成间的关系，利用它们可根据液相组成计算平衡的气相组成，同样也可根据气相组成计算

平衡的液相组成。

例 7-3 ▶▶ 含有 30%（体积分数）CO_2 的某原料气用水吸收。吸收温度为 30℃，总压为 101.3kPa，试求液相中 CO_2 的最大浓度，用摩尔分数表示。

 解 在本题的浓度范围内亨利定律可以适用

已知 CO_2 的分压 $p_{CO_2} = py = 101.3 \times 0.3 = 30.39kPa$，依亨利定律，液相中 CO_2 的最大浓度（摩尔分数）为

$$x^* = \frac{p}{E}$$

查表 7-1 得，30℃时 CO_2 在水中的亨利系数 $E = 1.88 \times 10^5 kPa$，所以

$$x^* = \frac{30.39}{188000} = 0.000161$$

四、吸收剂的选择

在吸收操作中，吸收剂性能的优劣，常常是吸收操作是否良好的关键。如果吸收操作的目的是制取某种溶液成品，例如用氯化氢气体生产盐酸，溶剂只能用水，自然没有选择的余地。如果目的是在于将某种组分气体从混合气体中分离出来，便有必要和可能对吸收剂进行选择。在选择吸收剂时，应注意考虑以下几方面的问题。

（1）所选用的吸收剂必须有良好的选择性，即吸收剂对吸收质要有较大的溶解度，而对其他惰性组分的溶解度要极小或几乎不溶解。这样可以提高吸收效果并减小吸收剂本身的使用量。同时所选择的吸收剂应在较为合适的条件（温度、压强）下进行吸收操作。

（2）吸收剂的挥发度要小，即在操作温度下吸收剂的蒸气压要小。因为离开吸收设备的气体，往往被吸收剂蒸气所饱和，吸收剂的挥发度愈高，其损失量便愈大。

（3）所选用的吸收剂应尽可能无毒、无腐蚀性、不易燃、不发泡、价廉易得和具有化学稳定性等。

工业上的气体吸收操作中，很多是用水作吸收剂，只是对于难溶于水的吸收质，才采用特殊的吸收剂，如用轻油吸收苯和二甲苯；有时为了提高吸收的效果，也常采用与吸收质发生化学反应的物质作吸收剂，例如用铜氨液吸收一氧化碳和用碱液吸收二氧化碳等。

总之吸收剂的选用，须从生产的具体要求和条件出发，全面考虑各方面的因

素。表 7-2 为某些气体可选用的部分吸收剂的实例。

表 7-2　某些气体可选用的部分吸收剂

吸收质	选用吸收剂	吸收质	选用吸收剂
水汽	浓硫酸	H_2S	亚砷酸钠溶液
CO_2	水	NH_3	水
CO_2	碱液	HCl	水
CO_2	乙醇胺	HF	水
SO_2	浓硫酸	CO	铜氨液
SO_2	水	丁二烯	乙醇、乙腈
H_2S	氨水		

第二节　吸收过程的机理与吸收速率

一、传质的基本方式

吸收操作是吸收质从气相转移到液相的传质过程，其中包括吸收质由气相主体向气液相界面的传递，及由相界面向液相主体的传递。因此，讨论吸收过程的机理，首先说明物质在单相（气相或液相）中的传递规律。

1. 流体中的分子扩散

分子扩散是物质在一相内部有浓度差异的条件下，由流体分子的无规则热运动而引起的物质传递现象。习惯上常把分子扩散称为扩散。这种扩散发生在静止流体或滞流流体中相邻流体层间的传质。

2. 涡流扩散

当物质在湍流流体中扩散时，主要是依靠流体质点的无规则运动。由于流体质点在湍流中产生漩涡，引起各部分流体间的剧烈混合，在有浓度差存在的条件下，物质便朝其浓度降低的方向进行扩散。这种凭借流体质点的湍动和漩涡来传递物质的现象，称为涡流扩散。

实际上，在湍流流体中，由分子运动而产生的分子扩散是与涡流扩散同时发挥着传递作用，这种扩散称为对流扩散，它与传热过程中的对流传热相类似。

二、吸收过程的机理

上面说明的是在一相内进行的单相传质，而吸收的过程则是两相间的传质过程。关于吸收这样的相际传质过程的机理曾提出多种不同的理论，其中应用最广泛的是刘易斯和惠特曼在 1923 年提出的**双膜理论**。

双膜理论的基本论点如下。

（1）在气液两流体相接触处，有一稳定的分界面，叫相界面。在相界面的两侧附近各有一层稳定的气膜与液膜。这两层薄膜可以认为是由气、液两流体的滞流层所组成。吸收质是以分子扩散方式通过这两个膜层的。膜的厚度随液体的流速而变，流速愈大膜层厚度愈小。

（2）在两膜层以外的气、液两相分别称为气相主体与液相主体。在气、液两相的主体中，由于流体的充分湍动，吸收质的浓度基本上是均匀的，即两相主体内浓度梯度皆为零，全部浓度变化集中在这两个膜层中，即阻力集中在两膜层之中。

（3）无论气、液两相主体中吸收质的浓度是否达到相平衡，而在相界面处，吸收质在气、液两相中的浓度关系却已达到平衡。即认为界面上没有阻力。

通过以上假设，就把整个吸收这个相际传质的复杂过程，简化为吸收质只是经由气、液两膜层的分子扩散过程。因而两膜层的阻力也就成为吸收过程的两个基本阻力。在两相主体浓度一定的情况下，两膜层的阻力便决定了传质速率大小。因此，双膜理论也可称为双阻力理论。

双膜理论的假想模型，如图 7-7 所示，图中横坐标表示扩散方向。左部纵坐标表示吸收质在气相中的浓度，以分压表示，p 表示气相主体中的分压，p_i 表示在相界面上与液相浓度成平衡的分压。右部纵坐标表示吸收质在液相中的浓度，以物质的量浓度表示，c 表示液相主体中的浓度；c_i 表示在相界面上与气相分压 p_i 成平衡的浓度。当气相主体中吸收质分压 p 高于界面上平衡分压 p_i 时，

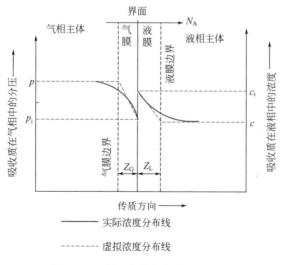

图 7-7　双膜理论的假想模型示意图

吸收质即通过气相主体以 $p-p_i$ 的分压差作为推动力克服气膜 Z_G 厚的阻力，从气相主体以分子扩散的方式通过气膜扩散到界面上来。界面上吸收质在液相中与 p_i 相平衡的浓度为 c_i，吸收质又以 c_i-c 的浓度差为推动力克服液膜 Z_L 厚的阻力，以分子扩散的方式穿过液膜，从界面扩散到液相主体中去，完成整个吸收过程。

三、吸收速率方程式

在吸收操作中，每单位相际传质面积上，单位时间内吸收的溶质量称为吸收速率。表明吸收速率与吸收推动力之间的关系式即为吸收速率方程。由于吸收系数及其相应的推动力的表达方式及范围的不同，出现了多种形式的吸收速率方程式。

1. 气膜和液膜吸收速率方程式

在稳定吸收操作中，吸收设备内任一截面上，相界面两侧的对流传质速率应是相等的，因此，其中任何一侧的对流扩散速率都能代表该部位上的吸收速率。单独根据气膜或液膜的推动力及阻力写出的速率方程式，即称为膜吸收速率方程式。

（1）气膜吸收速率方程式　依双膜理论，吸收质 A 从气相主体到相界面的对流扩散速率方程式，即为气膜吸收速率方程式。该式可写成

$$N_A = k_G(p-p_i) \tag{7-16}$$

式中　N_A——吸收速率，$kmol/(m^2 \cdot s)$；

p，p_i——吸收质在气相主体与界面处的分压，kPa；

k_G——气膜吸收分系数，$kmol/(m^2 \cdot s \cdot kPa)$。

上式也可写成如下形式

$$N_A = \frac{p-p_i}{\dfrac{1}{k_G}} \tag{7-16a}$$

气膜吸收分系数的倒数 $1/k_G$，即表示吸收质通过气膜的传质阻力，该阻力与气膜推动力 $p-p_i$ 相对应。气膜吸收分系数值反映了所有影响这一扩散过程因素对过程影响的结果，如扩散系数、操作压强、温度、有效膜层厚度以及惰性组分的分压等。

（2）液膜吸收速率方程式　吸收质 A 从相界面到液相主体的对流扩散速率方程式，即为液膜吸收速率方程式。该式可写成

$$N_A = k_L(c_i-c) \tag{7-17}$$

式中　N_A——吸收速率，$kmol/(m^2 \cdot s)$；

　　c_i，c——吸收质在相界面与液相主体的浓度，$kmol/m^3$；

　　k_L——**液膜吸收分系数**，$kmol/(m^2 \cdot s \cdot kmol/m^3)$ 或 m/s。

上式也可写成如下形式

$$N_A = \frac{c_i - c}{\dfrac{1}{k_L}} \tag{7-17a}$$

液膜吸收分系数的倒数 $1/k_L$，即表示吸收质通过**液膜的传质阻力**，该阻力与液膜推动力 $c_i - c$ 相对应。液膜吸收分系数反映了所有影响这一扩散过程因素对过程影响的结果，如扩散系数、操作压强、温度、有效膜层厚度以及吸收剂的浓度等。

2. 总吸收速率方程式及与其相对应的总吸收系数

膜吸收速率方程式中的推动力，都涉及相界面处吸收质的组成 p_i 及 c_i，为了避开难于确定的相界面组成，可仿照间壁换热器中的两流体换热问题的处理方法，而采用包括气、液相的总吸收速率方程式。

（1）以 $\boldsymbol{p - p^*}$ 表示总推动力的吸收速率方程式　如在图 7-8 中 D 点是气、液两相的实际状况，则 p^* 即为该点吸收质在气相主体中与液相主体中浓度 c 成平衡的分压，p 为该点吸收质在气相主体中的分压。若吸收系统服从亨利定律，则

$$p^* = \frac{c}{H} \tag{a}$$

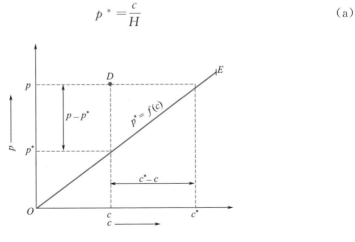

图 7-8　$p\text{-}p^*$ 吸收推动力的表示法

OE—平衡线；D—气、液两相中吸收质的实际状态点

根据双膜理论，相界面上两相互成平衡，则

$$p_i = \frac{c_i}{H} \qquad\qquad\qquad\qquad (b)$$

将上两式（a）与（b）分别代入液膜吸收速率方程式 $N_A = k_L(c_i - c)$ 中，得

$$N_A = k_L H(p_i - p^*)$$

或

$$\frac{N_A}{Hk_L} = p_i - p^* \qquad\qquad\qquad (c)$$

又气膜吸收速率方程式 $N_A = k_G(p - p_i)$ 可改写成

$$\frac{N_A}{k_G} = p - p_i \qquad\qquad\qquad (d)$$

将上两式（c）与（d）相加得

$$N_A\left(\frac{1}{Hk_L} + \frac{1}{k_G}\right) = p - p^*$$

令

$$\frac{1}{Hk_L} + \frac{1}{k_G} = \frac{1}{K_G} \qquad\qquad\qquad (7\text{-}18)$$

则

$$N_A = K_G(p - p^*) \qquad\qquad\qquad (7\text{-}19)$$

式中　K_G——气相吸收总系数，$kmol/(m^2 \cdot s \cdot kPa)$。

式(7-19) 即为以 $p - p^*$ 为总推动力的吸收速率方程式，也可称为气相总吸收速率方程式。

由式(7-18) 可以看出，此吸收过程的总阻力是由气膜阻力 $1/k_G$ 与液膜阻力 $1/(Hk_L)$ 两部分组成的。

（2）以 $c^* - c$ 表示总推动力的吸收速率方程式　如前述图 7-8 中，D 点是气、液两相的实际状态，则 c^* 即为该点吸收质在液相主体中与气相分压 p 成平衡的液相浓度，c 为该点吸收质在液相主体中的浓度。若系统服从亨利定律，则

$$p = \frac{c^*}{H} \qquad\qquad\qquad (a)$$

根据双膜理论，相界面上两相互成平衡，则

$$p_i = \frac{c_i}{H} \qquad\qquad\qquad (b)$$

将上两式（a）、（b）分别代入气膜吸收速率方程式 $N_A = k_G(p - p_i)$ 中，得

$$N_A = k_G\left(\frac{c^*}{H} - \frac{c_i}{H}\right)$$

或

$$\frac{N_A H}{k_G} = c^* - c_i \qquad\qquad\qquad (c)$$

又液膜吸收速率方程式 $N_A = k_L(c_i - c)$ 可写成

$$\frac{N_A}{k_L} = c_i - c \tag{d}$$

将上两式（c）与（d）相加得

$$N_A\left(\frac{H}{k_G} + \frac{1}{k_L}\right) = c^* - c$$

令

$$\frac{H}{k_G} + \frac{1}{k_L} = \frac{1}{K_L} \tag{7-20}$$

则

$$N_A = K_L(c^* - c) \tag{7-21}$$

式中 K_L——液相吸收总系数，$kmol/(m^2 \cdot s \cdot kmol/m^3)$ 或 m/s。

式(7-21)是以 $c^* - c$ 为总推动力的吸收速率方程式，也可称为液相总吸收速率方程式。

式(7-20)也表明，此吸收过程的总阻力是由气膜阻力 H/k_G 与液膜阻力 $1/k_L$ 两部分组成的。

（3）以 $Y - Y^*$ 表示总推动力的吸收速率方程式 如图 7-9 中 D 点是气、液两相的实际状态，则 Y^* 即为该点吸收质在气相主体中与液相主体浓度 X 成平衡的气相浓度，Y 为该点吸收质在气相主体中的浓度。

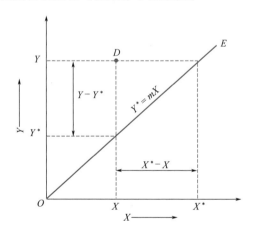

图 7-9 Y-Y^* 吸收推动力的表示方法
OE—平衡线；D—气、液两相中吸收质的实际状态点

若系统操作压强为 P，根据分压定律可知吸收质在气相中的分压为

$$p = Py$$

又知

$$y = \frac{Y}{1 + Y}$$

故
$$p = P \frac{Y}{1+Y} \tag{a}$$

同理
$$p^* = P \frac{Y^*}{1+Y^*} \tag{b}$$

将上二式（a）和（b）代入式(7-19)中，得

$$N_A = K_G\left(P \frac{Y}{1+Y} - P \frac{Y^*}{1+Y^*}\right)$$

上式可简化为

$$N_A = \frac{K_G P}{(1+Y)(1+Y^*)}(Y-Y^*)$$

令
$$\frac{K_G P}{(1+Y)(1+Y^*)} = K_Y \tag{7-22}$$

则
$$N_A = K_Y(Y-Y^*) \tag{7-23}$$

式中　K_Y——以 $Y-Y^*$ 为推动力的气相吸收总系数，kmol/[m² · s · (kmol 吸收质/kmol 惰性气体)]。

式(7-23) 即为以 $Y-Y^*$ 表示总推动力的吸收速率方程式，式中总系数 K_Y 的倒数为两膜的总阻力。

当吸收质在气相和液相中的浓度都很小时，式(7-22) 左边分母接近于 1，于是

$$K_Y \approx K_G P \tag{7-24}$$

（4）以 $X-X^*$ 表示总推动力的吸收速率方程式　如前所述图 7-9 中，D 点是气、液两相的实际状态，则 X^* 即为该点吸收质在液相主体中与气相主体浓度 Y 成平衡的液相浓度，X 为吸收质在液相主体中浓度。

若液相总浓度为 $C_总$(kmol/m³)，则吸收质在系统液相中的浓度 c 为

$$c = C_总 x$$

又知
$$x = \frac{X}{1+X}$$

故
$$c = C_总 \frac{X}{1+X} \tag{a}$$

同理
$$c^* = C_总 \frac{X^*}{1+X^*} \tag{b}$$

将以上二式（a）和（b）代入式(7-21) $N_A = K_L(c^*-c)$ 中，得

$$N_A = K_L\left(C_总 \frac{X^*}{1+X^*} - C_总 \frac{X}{1+X}\right)$$

上式可简化为

$$N_A = \frac{K_L C_{总}}{(1+X^*)(1+X)}(X^* - X)$$

令 $$\frac{K_L C_{总}}{(1+X^*)(1+X)} = K_X \qquad (7-25)$$

则 $$N_A = K_X(X^* - X) \qquad (7-26)$$

式中 K_X——以$(X^* - X)$为推动力的液相吸收总系数，$\mathrm{kmol}/\left(\mathrm{m^2 \cdot s \cdot \dfrac{kmol\ 吸收质}{kmol\ 吸收剂}}\right)$。

式（7-26）即为以 $X^* - X$ 表示总推动力的吸收速率方程式，式中总系数 K_X 的倒数为两膜的总阻力。

当吸收质在气相和液相中的浓度都很小时，式（7-25）左边分母接近于 1，于是

$$K_X \approx K_L C_{总}$$

上面所介绍的吸收速率方程式，都是以气、液相浓度不变为前提的，因此只适合于描述稳定操作的吸收塔内任一截面上的速率关系，而不能直接用来描述全塔的吸收速率。在塔内不同截面上的气、液相浓度各不相同，所以吸收速率也不相同。

3. 气体溶解度对吸收系数的影响

（1）易溶气体　对于易溶气体，H 值很大，由式（7-18）可知，在 k_G 与 k_L 数量级相同或接近的情况下存在如下关系，即

$$\frac{1}{H k_L} \ll \frac{1}{k_G}$$

此时吸收过程阻力的绝大部分存在于气膜之中，液膜阻力可以忽略，因而式（7-18）可简化为

$$\frac{1}{K_G} \approx \frac{1}{k_G} \quad 或 \quad K_G \approx k_G$$

即吸收质的吸收速率主要受气膜一方的吸收阻力所控制，吸收总推动力的绝大部分用于克服气膜阻力，这种情况称为"气膜控制"。如用水吸收氨或氯化氢及用浓硫酸吸收气相中的水蒸气等过程，通常都被视为气膜控制的吸收过程。显然，对于气膜控制的吸收过程，如要提高其速率，在选择设备形式及确定操作条件时，应特别注意减小气膜阻力。

（2）难溶气体　H 值很小，由式（7-20）可知，在 k_G 与 k_L 数量级相同或接近的情况下存在如下关系，即

$$\frac{H}{k_G} \ll \frac{1}{k_L}$$

此时吸收过程阻力的绝大部分存在于液膜之中，气膜阻力可以忽略，因而式 (7-20) 可以简化为

$$\frac{1}{K_L} \approx \frac{1}{k_L} 或 K_L \approx k_L$$

即液膜阻力控制着整个吸收过程，吸收总推动力的绝大部分用于克服液膜阻力。这种情况称为"液膜控制"。如用水吸收氧或二氧化碳等过程，都是液膜控制的吸收过程。对于液膜控制的吸收过程，如要提高其速率，在选择设备形式及确定操作条件时，应特别注意减小液膜阻力。

（3）溶解度适中的气体　对于溶解度适中的气体，在吸收过程中气膜阻力与液膜阻力均不可忽略，此时的吸收过程称为"双膜控制"。要提高吸收过程速率，必须兼顾气、液两膜阻力的降低，方能得到满意的效果。

在化工生产中，若能正确判断出吸收过程属于气膜控制或液膜控制时，会给计算和强化吸收操作带来很大的方便。

例 7-4 在 110kPa 的总压下用清水在塔内吸收混于空气中的氨气。在塔的某一截面上氨的气、液相组成 $y=0.03$，$c=1\text{kmol/m}^3$。若气膜吸收系数 $k_G=5\times10^{-6}\text{kmol/(m}^2\cdot\text{s}\cdot\text{kPa)}$，液膜吸收系数 $k_L=1.5\times10^{-4}$ m/s。假设操作条件下平衡关系服从亨利定律，溶解度系数 $H=0.73\text{kmol/}$ $(\text{m}^3\cdot\text{kPa})$。

（1）试计算以气相分压差表示的吸收总推动力及相应的总吸收系数；

（2）计算该截面处的吸收速率；

（3）分析该吸收过程的控制因素。

解　（1）以气相分压差表示的总推动力为

$$\Delta p = p - p^* = p - \frac{c}{H} = 110\times0.03 - \frac{1}{0.73} = 1.93\text{kPa}$$

其对应的总吸收系数为

$$\frac{1}{K_G} = \frac{1}{Hk_L} + \frac{1}{k_G} = \frac{1}{0.73\times1.5\times10^{-4}} + \frac{1}{5\times10^{-6}}$$

$$= 9.132\times10^3 + 2\times10^5 = 2.09\times10^5 (\text{m}^2\cdot\text{s}\cdot\text{kPa})/\text{kmol}$$

$$K_G = 4.78\times10^{-6}\text{kmol/(m}^2\cdot\text{s}\cdot\text{kPa)}$$

（2）该截面处的吸收速率为

$$N_A = K_G(p - p^*)$$

$$= 4.78\times10^{-6}\times1.93 = 9.23\times10^{-6}\text{kmol/(m}^2\cdot\text{s)}$$

（3）吸收过程的控制因素　由计算可知，吸收过程总阻力为 2.09×10^5

$(m^2 \cdot s \cdot kPa)/kmol$，气膜阻力为 $2 \times 10^5 (m^2 \cdot s \cdot kPa)/kmol$。气膜阻力占总阻力为 $\dfrac{2 \times 10^5}{2.09 \times 10^5} \times 100\% = 95.6\%$，气膜阻力占总阻力的绝大部分，该吸收过程为气膜控制。

第三节 吸收塔的计算

工业上使气、液充分接触以实现吸收过程的设备，既可采用板式塔，也可采用填料塔。本章将主要结合填料塔对吸收进行分析和讨论。填料塔属于微分接触逆流操作的传质设备。塔内大部分容积充以具有特定形状的填料而构成填料层，填料层是塔内实现气液接触的地方。

吸收塔的计算，主要是根据给定的吸收任务，确定吸收剂用量，塔底排出液的浓度，填料塔的填料层高度或板式塔的塔板层数以及塔径等。

讨论限于如下假设条件：①吸收为低浓度等温物理吸收，总吸收系数为常数；②惰性组分在溶剂中完全不溶解，溶剂在操作条件下完全不挥发；③吸收塔中，气、液两相逆流流动。

一、吸收塔的物料衡算与操作线方程

1. 全塔物料衡算

如图 7-10 所示为一处于稳定操作状态下，气、液两相逆流接触的吸收塔，混合气体自下而上流动；吸收剂则自上而下流动，图中各个符号的意义如下：

V——单位时间内通过吸收塔的惰性气体量，kmol/s；

L——单位时间内通过吸收塔的吸收剂量，kmol/s；

Y_1，Y_2——进塔及出塔气体中吸收质的摩尔比，$\dfrac{kmol 吸收质}{kmol 惰性气体}$；

X_1，X_2——出塔及进塔液中吸收质的摩尔比，$\dfrac{kmol 吸收质}{kmol 吸收剂}$。

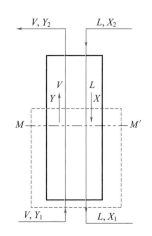

图 7-10 逆流吸收塔操作示意图

在吸收过程中，V 和 L 的量没有变化；在气相中吸收质的浓度是逐渐减小；而液相中吸收质的浓度是逐渐增大的。根据无物料损失，对单位时间内进、出吸收塔的吸收质作物料衡算，可得下式

$$VY_1+LX_2=VY_2+LX_1$$

或
$$V(Y_1-Y_2)=L(X_1-X_2) \qquad (7-27)$$

由式(7-27)可知，已知V、L、X_1、X_2、Y_1及Y_2中的任何5项，即可求出其余的一项。

一般情况下，进塔混合气的组成与流量是吸收任务规定了的，如果所用吸收剂的组成与流量已经确定，则V、Y_1、L及X_2皆为已知数。此外，根据吸收任务所规定的吸收率ϕ，就可以得知气体出塔时应有的浓度Y_2：

$$Y_2=Y_1(1-\phi) \qquad (7-28)$$

式中　ϕ——气相中吸收质被吸收的质量与气相中原有的吸收质质量之比，称为吸收率，即

$$\phi=\frac{V(Y_1-Y_2)}{VY_1}=\frac{Y_1-Y_2}{Y_1}=1-\frac{Y_2}{Y_1} \qquad (7-29)$$

这样就可依已知V、L、X_2、Y_1、Y_2的值，而由全塔物料衡算式求得塔底排出的溶液浓度X_1。于是在吸收塔底部与顶部两个端面上的气、液组成就都可以确定。有时也可依（7-27）在已知L、V、X_2、X_1和Y_1的情况下，而求算吸收塔的吸收率ϕ是否达到了规定的指标。

2. 吸收塔的操作线方程与操作线

参照图7-10，取任一截面M—M'与塔底端面之间做吸收质的物料衡算。设截面M—M'上气、液两相浓度分别为Y、X，则得

$$VY+LX_1=VY_1+LX$$

或
$$Y=\frac{L}{V}X+\left(Y_1-\frac{L}{V}X_1\right) \qquad (7-30)$$

式(7-30)称为逆流吸收塔的操作线方程。它表明塔内任一截面上气相浓度Y与液相浓度X之间的关系。在稳定连续吸收时，式中Y_1、X_1、L/V都是定值，所以式(7-30)是直线方程式，直线的斜率为L/V。

由式(7-27)知$\dfrac{L}{V}=\dfrac{Y_1-Y_2}{X_1-X_2}$，将此关系代入式(7-30)得

$$\frac{Y_1-Y}{X_1-X}=\frac{Y_1-Y_2}{X_1-X_2} \qquad (7-31)$$

由式(7-31)可知，操作线通过点$A(X_1,Y_1)$和点$B(X_2,Y_2)$。将其标绘在Y-X坐标图中，如图7-11上直线AB即为逆流吸收塔的操作线。此操作线上任一点C，代表着塔内相应截面上的气、液相浓度Y、X之间的对应关系；端点A代表塔底的气、液相浓度Y_1、X_1的对应关系；端点B则代表塔顶的气、液相

浓度Y_2、X_2的对应关系。

　　在进行吸收操作时，在塔内任一横截面上，吸收质在气相中的分压总是要高于与其接触的液相平衡分压的，所以吸收操作线的位置总是位于平衡线的上方。

二、吸收剂用量的确定

　　在吸收塔的计算中，需要处理的气体流量以及气相的初浓度和终浓度均由生产任务所规定。吸收剂的入塔浓度则

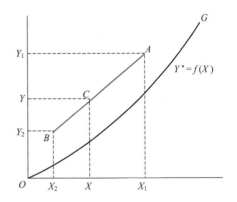

图 7-11　逆流吸收塔的操作线

常由工艺条件决定或由设计者选定。但是吸收剂的用量尚有待于选择。

　　依式(7-30)可知，当V、Y_1、Y_2及X_2已知的情况下，吸收塔操作线的一个端点B已经固定，而另一端点A在$Y = Y_1$的水平线上移动。而点A的横坐标X_1将取决于操作线的斜率L/V，如图 7-12 所示。

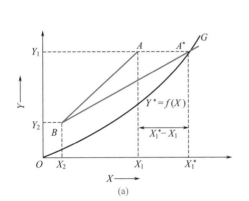
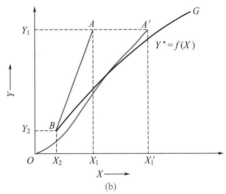

图 7-12　吸收塔的最小液气比

　　操作线的斜率L/V，称为"液气比"，即在吸收操作中吸收剂与惰性气体摩尔流量的比值，亦称吸收剂的单位耗用量。

　　在此，V值已由生产任务确定，若减少吸收剂用量L，则操作线的斜率就要变小，图 7-12(a) 中点A便沿$Y = Y_1$向右移动，其结果则使出塔溶液浓度X_1增大，而吸收推动力（$X_1^* - X_1$）相应减小，以致使设备费用增大。若吸收剂用量减小到恰使点A移到水平线$Y = Y_1$与平衡线OG的交点A^*时，则$X_1 = X_1^*$，即塔底流出的溶液组成与刚进塔的混合气体组成达到平衡，这也是理论上吸收所能达到的最高浓度。但此时的推动力为零。因而需要无限大的相际接触面积，即吸收塔需要无限高的填料层。显然这是一种极限状况，实际上是不能实现

的。此种状况下吸收操作线 A^*B 的斜率称为最小液气比，以 $(L/V)_{\min}$ 表示，相应的吸收剂用量称为最小吸收剂用量，以 $L_{\min}$ 表示。

M7-4 最小液气比（一）　　　　　　M7-5 最小液气比（二）

反之，若增大吸收剂用量，则点 A 将沿水平线向左移动，使操作线远离平衡线，致使过程推动力增大。但超过一定限度后，则使吸收剂消耗量、输送及回收等项操作费用急剧增大。

由以上分析可见，吸收剂用量的不同，将从设备费与操作费两方面影响到生产过程的经济效果，因此应选择适宜的液气比，而使两种费用之和为最小。根据生产实践经验认为，一般情况下取吸收剂用量为最小吸收剂用量的 $1.1\sim2.0$ 倍是比较适宜的，即

$$\frac{L}{V}=(1.1\sim2.0)\left(\frac{L}{V}\right)_{\min} \tag{7-32}$$

或
$$L=(1.1\sim2.0)L_{\min} \tag{7-32a}$$

式中最小液气比可用图解法求取。如果平衡曲线符合图 7-12(a) 所示的一般情况，则需找到水平线 $Y=Y_1$ 与平衡曲线的交点 A^*，从而读出 X_1^* 之值，然后用式(7-31) 计算最小汽液比，即

$$\left(\frac{L}{V}\right)_{\min}=\frac{Y_1-Y_2}{X_1^*-X_2} \tag{7-33}$$

或
$$L_{\min}=V\frac{Y_1-Y_2}{X_1^*-X_2} \tag{7-33a}$$

如果平衡曲线呈现如图 7-12(b) 所示的形状，则应过点 B 作平衡曲线的切线，找到水平线 $Y=Y_1$ 与此切线的交点 A'，从而读出点 A' 的横坐标 X_1' 的数值，然后按下式计算最小液气比，即

$$\left(\frac{L}{V}\right)_{\min}=\frac{Y_1-Y_2}{X_1'-X_2} \tag{7-34}$$

或
$$L_{\min}=V\frac{Y_1-Y_2}{X_1'-X_2} \tag{7-34a}$$

若平衡关系符合亨利定律，可用 $Y^*=mX$ 表示时，则可依下式算出最小液气比，即

$$\left(\frac{L}{V}\right)_{min} = \frac{Y_1 - Y_2}{\dfrac{Y_1}{m} - X_2} \tag{7-35}$$

或

$$L_{min} = V\frac{Y_1 - Y_2}{\dfrac{Y_1}{m} - X_2} \tag{7-35a}$$

必须指出，为了保证填料表面能被液体充分润湿，还应考虑到单位塔截面上单位时间内流下的液体量不得小于某一最低值。如果按式(7-32a)算出的吸收剂用量不能满足充分润湿的起码要求，则应采取更大的液气比。

例 7-5　用油吸收混合气体中的苯，已知 $y_1 = 0.04$（摩尔分数），吸收率为 80%，平衡关系式为 $Y^* = 0.126X$，混合气量为 1000kmol/h，油用量为最小用量的 1.5 倍，问油的用量为多少？

　由式(7-4)知

$$Y_1 = \frac{y_1}{1 - y_1} = \frac{0.04}{1 - 0.04} = 0.0417 \frac{\text{kmol 苯}}{\text{kmol 惰性气体}}$$

由式(7-28)知

$$Y_2 = Y_1(1 - \phi) = 0.0417 \times (1 - 0.8) = 0.00834 \frac{\text{kmol 苯}}{\text{kmol 惰性气体}}$$

依式(7-35a)知　　$L_{min} = V\dfrac{Y_1 - Y_2}{\dfrac{Y_1}{m} - X_2} = 1000 \times 0.96 \times \dfrac{0.0417 - 0.00834}{\dfrac{0.0417}{0.126} - 0}$

$$= \frac{960 \times 0.0334}{0.331} = 96.9\text{kmol/h}$$

实际用油量　　　　　　　$L = 1.5L_{min}$

$$= 1.5 \times 96.9 = 145\text{kmol/h}$$

例 7-6　某矿石焙烧炉送出来的气体，经冷却后送入吸收塔以除去其中的 SO_2。已知吸收塔每小时处理 101.3kPa、20℃ 的炉气体积为 1000m³，进入吸收塔的炉气中含 SO_2 9%（体积分数），其余可看作惰性气体，要求 SO_2 的吸收率为 90%，吸收剂水中不含 SO_2。取吸收剂用量为最小用量的 1.2 倍。试计算每小时吸收剂用量，并求溶液出口浓度。操作条件下的平衡曲线见本题附图。

解 气体进口浓度 $Y_1 = \dfrac{0.09}{1-0.09} = 0.099\ \dfrac{\text{kmol SO}_2}{\text{kmol 惰性气体}}$

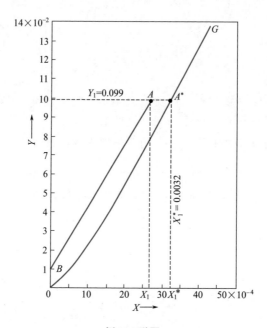

例 7-6 附图

气体出口浓度 $Y_2 = 0.099 \times (1-0.9) = 0.0099\ \dfrac{\text{kmol SO}_2}{\text{kmol 惰性气体}}$

吸收剂进口浓度 $X_2 = 0$

惰性气体流量 $\quad V = \dfrac{1000}{22.4} \times \dfrac{273}{293} \times (1-0.09) = 37.8\,\text{kmol/h} = 0.01\,\text{kmol/s}$

在本题附图上找到 $Y = Y_1$ 与平衡曲线的交点 A^*，从而读出 X_1^* 的值为

$$0.0032\ \dfrac{\text{kmol SO}_2}{\text{kmol 水}}$$

依式(7-33a)，得

$$L_{\min} = V\,\frac{Y_1 - Y_2}{X_1^* - X_2} = \frac{37.8 \times (0.099 - 0.0099)}{0.0032 - 0}$$
$$= 1052\,\text{kmol/h}$$

实际吸收剂用量

$$L = 1.2 L_{\min} = 1.2 \times 1052 = 1263\,\text{kmol/h}$$

依全塔物料衡算求溶液出口浓度，为

$$X_1 = X_2 + \frac{V(Y_1 - Y_2)}{L} = 0 + \frac{37.8 \times (0.099 - 0.0099)}{1263}$$

$$=0.00267 \frac{\mathrm{kmol\ SO_2}}{\mathrm{kmol\ 水}}$$

根据本题数据作出的操作线即为本题附图中通过点 $B(0, 0.0099)$ 和点 A $(0.00267, 0.099)$ 的直线。

三、吸收塔塔径的计算

与精馏塔直径的计算原则相同，吸收塔的直径也可按圆形管道内的流量与流速关系式计算。即

$$V_s = \frac{\pi}{4} D^2 u$$

或
$$D = \sqrt{\frac{4V_s}{\pi u}} \tag{7-36}$$

式中　D——塔径，m；

$\quad$ V_s——操作条件下混合气体的体积流量，$\mathrm{m^3/s}$；

$\quad$ u——空塔气速，即按空塔截面积计算的混合气体的线速度，m/s。

在吸收过程中，由于吸收质不断进入液相，故混合气体量由塔底至塔顶逐渐减小。在计算塔径时，一般应以塔底的气量为依据。

计算塔径的关键在于确定适宜的**空塔气速**。选择较小的气速，则压强降小，动力消耗小，但塔径大，设备投资大。另外，低气速也不利于气液充分接触，使分离效率降低。若选用过高的气速，则不仅压强降大，且操作不平稳，难于控制，甚至发生"液泛现象"，使塔的正常操作遭到破坏。所谓**液泛现象**，是指当气速增加到一定程度，由于两相流体间的摩擦阻力增大，使液体不能顺畅流下，填料层内的持液量不断增多，将使液体充满整个填料层的自由空间，致使压降急剧升高。此时，液体开始由分散相转变为连续相，气体开始由连续相转变为分散相，以鼓泡状通过液层和把液体大量带出塔顶，塔的操作极不稳定，甚至被完全破坏，这种现象称为液泛。开始发生液泛的转折点称为**泛点**，相应的空塔气速称为**液泛气速**或**泛点气速**。泛点气速是填料塔操作气速的上限。填料塔操作时的空塔气速必须小于泛点气速，一般取泛点气速的 $50\% \sim 80\%$。操作气速大致为 $0.2 \sim 1.0\mathrm{m/s}$。

按式(7-36)计算出的塔径，还应按压力容器公称直径标准进行圆整。

四、填料层高度的计算

为了达到指定的分离要求，吸收塔必须提供足够的气液两相接触面积。填料塔提供接触面积的元件为填料，因此，塔内的填料装填量或一定直径的塔内填料层高度将直接影响吸收结果。

　　填料层高度的确定，可由前述的吸收速率方程式引出，但上述吸收速率方程式中的推动力均表示吸收塔某个截面上的数值。而对整个吸收过程，气液两相的吸收质浓度在吸收塔内各个截面上都不同，显然各个截面上的吸收推动力也不相同。全塔范围内的吸收推动力可仿照传热一样用平均推动力表示。式(7-23)可表示为：

$$N_A = K_Y \Delta Y_m$$

　　此时 N_A 为全塔范围内的吸收速率，它的意义为：单位时间内全塔吸收的吸收质的量 G_A 与吸收塔提供的传质面积 A 的比值，即

$$N_A = \frac{G_A}{A}$$

　　设单位体积填料提供的有效气液接触面积为 $a\,\mathrm{m^2/m^3}$，则塔径为 D，填料层高度为 Z 的填料塔所提供的传质面积（气液接触面积）A 为：

$$A = \frac{\pi}{4} D^2 Z a \tag{7-37}$$

　　将以上几式联立并整理，得

$$Z = \frac{G_A}{K_Y a \frac{\pi}{4} D^2 \Delta Y_m} \tag{7-38}$$

　　上式中单位体积填料层内的有效接触面积 a，总是要小于单位体积填料层中的固体表面积（称为比表面积）。这是因为只有那些被流动的液体膜层所覆盖的填料表面，才能提供气液接触的有效面积。所以 a 不仅与填料的形状、尺寸及充填状况有关，而且受流体物性及流动状况影响。a 值很难直接测定。为了避开难以测定的 a 值，常将它与气相吸收总系数的乘积视为一体作为一个完整的物理量，这个乘积 $K_Y a$ 称为"气相体积吸收总系数"，其单位均为 $\mathrm{kmol/(m^3 \cdot s)}$，其值可由经验公式计算或实验测定。

　　当吸收过程的平衡线为直线或操作范围内平衡线段为直线时，平均推动力取吸收塔顶与吸收塔底推动力的对数平均值。即

$$\Delta Y_m = \frac{(Y_1 - Y_1^*) - (Y_2 - Y_2^*)}{\ln \dfrac{Y_1 - Y_1^*}{Y_2 - Y_2^*}} \tag{7-39}$$

例 7-7 》》 已测得一逆流吸收操作入塔混合气中吸收质摩尔分数为 0.015，其余为惰性气，出塔气中含吸收质摩尔分数为 7.5×10^{-5}；入塔吸收剂为纯溶剂，出塔溶液中含吸收质摩尔分数为 0.0141。操作条件下相平衡关系为 $Y_A^* = 0.75X$。试求气相平均推动力 ΔY_m。

解 先将摩尔分数换算为比摩尔分数

$$Y_1 = \frac{y_1}{1-y_1} = \frac{0.015}{1-0.015} = 0.0152$$

$$Y_2 = \frac{y_2}{1-y_2} = \frac{7.5 \times 10^{-5}}{1-7.5 \times 10^{-5}} = 7.5 \times 10^{-5}$$

$$X_1 = \frac{x_1}{1-x_1} = \frac{0.0141}{1-0.0141} = 0.0143$$

$$Y_1^* = mX_1 = 0.75 \times 0.0143 = 0.011$$

$$Y_2^* = mX_2 = 0$$

$$\Delta Y_m = \frac{(Y_1 - Y_1^*) - (Y_2 - Y_2^*)}{\ln \dfrac{Y_1 - Y_1^*}{Y_2 - Y_2^*}}$$

$$= \frac{(0.0152 - 0.011) - (7.5 \times 10^{-5} - 0)}{\ln \dfrac{0.0152 - 0.011}{7.5 \times 10^{-5} - 0}}$$

$$= 1.025 \times 10^{-3}$$

 例 7-8 >> 若例 7-7 题中所用的吸收塔内径为 1m，入塔混合气量为 1500m³/h(101.3kPa, 298K)，气相体积吸收总系数 $K_Ya = 150$kmol/(m³·h)。试求达到指定的分离要求所需要的填料层高度。

 解

$$V = \frac{1500}{22.4} \times \frac{273}{298} \times (1-0.015) = 60.4 \text{kmol/h}$$

$$G_A = V(Y_1 - Y_2) = 60.4 \times (0.0152 - 7.5 \times 10^{-5}) = 0.914 \text{kmol/h}$$

$$Z = \frac{G_A}{K_Ya \dfrac{\pi}{4} D^2 \Delta Y_m} = \frac{0.914}{150 \times 0.785 \times 1^2 \times 1.025 \times 10^{-3}} = 7.57 \text{m}$$

所需填料层高度为 7.57m。

第四节　填料塔

　　填料塔是化工生产中常用的气液传质设备之一，如图 7-13 所示。填料塔早在 19 世纪中期开始用于生产，具有结构简单、便于用耐腐蚀材料制造、阻力较小、适用于小直径塔的场合等优点。但用于大直径的塔时，则效率低、重量大、造价高以及清理检修麻烦等。在 20 世纪 60 年代时，多采用各种高效的板式塔来取代老式的填料塔，但近年来倾向于在塔径 1.5m 以下时，采用新型高效填料（如鲍尔环或鞍形填料等），也可以获得很好的经济效果。由于性能优良的新型填料不断涌现，以及填料塔在节能方面的突出优势，大型的填料塔目前在工业上已非罕见。填料塔在工业上的应用正在发展中。

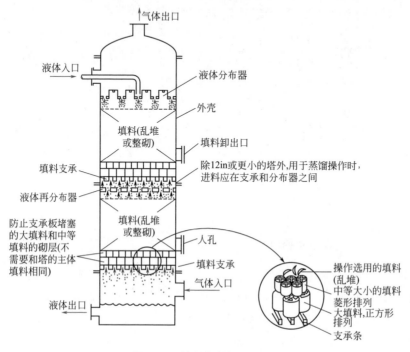

气体出口
液体入口
液体分布器
外壳
填料(乱堆或整砌)
填料卸出口
除12in或更小的塔外,用于蒸馏操作时,进料应在支承和分布器之间
填料支承
液体再分布器
防止支承板堵塞的大填料和中等填料的砌层(不需要和塔的主体填料相同)
填料(乱堆或整砌)
人孔
填料支承
气体入口
液体出口
操作选用的填料(乱堆)
中等大小的填料菱形排列
大填料,正方形排列
支承条

图 7-13　填料塔结构示意图

M7-6　吸收-解吸操作

一、塔体

塔体除用金属材料制作外，还可用陶瓷、塑料等非金属材料制作，或在金属壳体内壁衬以橡胶或搪瓷。金属或陶瓷塔体一般均为圆柱形，圆柱形塔体有利于气体和液体的均匀分布，但大型的耐酸石或耐酸砖塔则多砌成方形或多角形。

二、填料

塔中大部分容积为填料所充填，它是填料塔的核心部分。填料塔操作性能的好坏，与所选取用的填料有直接关系。

单位体积填料层所具有的表面积，称为填料的比表面积，以 σ 表示，其单位为 m^2/m^3。显然，填料应具有较大的比表面积，以增大塔内传质面积。单位体积填料层所具有的空隙体积，称为填料的空隙率，以 ε 表示，其单位为

m³/m³。显然，填料层应有适当大的空隙率，以提高气液通过能力和减小气流阻力。

　　自填料塔用于工业生产以来，填料的结构形式有重大的改进，特别是近年来发展更快，目前各种类型、各种规格的填料有几百种之多。填料结构改进的方向可归纳为：增加流体的通过能力；改善流体的分布与接触，以提高分离效率；解决放大问题即塔径越大效率越低。填料的种类虽然很多，但按结构形式可分为颗粒型填料和规整填料，按装填方式可分为乱堆填料和整砌填料。现对几种常用填料介绍如下（图7-14）。

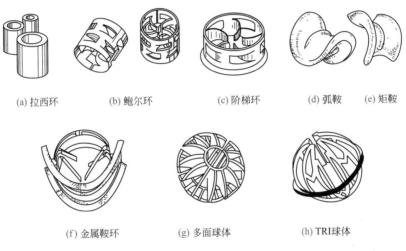

(a) 拉西环　　(b) 鲍尔环　　(c) 阶梯环　　(d) 弧鞍　(e) 矩鞍

(f) 金属鞍环　　(g) 多面球体　　(h) TRI球体

图 7-14　常用的填料外形

1. 拉西环

　　拉西环是于20世纪初（1914年）最早使用的人工填料。它是一段高度和外径相等的短管，如图7-14(a)所示。拉西环形状简单，制造容易，曾得到极为广泛的应用。但是由于其高径比大，堆积时相邻环之间容易形成线接触，填料层的均匀性差。因此，拉西环填料层存在着严重的向塔壁偏流和沟流现象，目前，在工业上应用日趋减少。

2. 鲍尔环

　　鲍尔环是20世纪50年代初期在拉西环基础上发展起来的，是近期具有代表性的一种填料。其构造是在拉西环的壁上开两排长方形窗孔，被切开的环壁形成叶片，一边与壁面相连，另一端向环内弯曲，并在中心处与其他叶片相搭，如图7-14(b)所示。鲍尔环这种构造提高了环内空间和环内表面的有效利用程度，使气体流动阻力大为降低，液体分布也有所改善。考虑到改善气、液的接触状况，侧壁上开孔率不小于30%，为保持填料有一定强度，开孔率最大不超过60%。

我国现行规定开孔率为 35%。鲍尔环填料性能优良，一直为工业所重视。

3. 阶梯环

近年来又出现的阶梯环填料，又是对鲍尔环加以改进的产物，其形状如图 7-14(c) 所示。阶梯环圆筒部分的高度仅为直径的一半，圆筒一端有向外翻卷的喇叭口，其高度为全高的 1/5。这种填料的孔隙率大，而且填料个体之间呈点接触，可使液膜不断更新，具有压强降小和传质效率高的特点。阶梯环是目前环形填料中性能最为良好的一种。

4. 弧鞍与矩鞍填料

鞍形填料是一种敞开型填料，包括弧鞍和矩鞍，其形状如图 7-14(d) 和图 7-14(e) 所示。弧鞍形填料是两面对称结构，有时在填料层中形成局部叠合或架空现象，且强度较差，容易破碎，影响传质效率。矩鞍形填料在塔内不会相互叠合而是处于相互勾连的状态，因此有较好的稳定性，填充密度及液体分布都较均匀，且空隙率也有所提高，阻力较低，不易堵塞。矩鞍形填料的制造比较简单，也是实体填料中性能较好的一种。

5. 金属鞍环填料

金属鞍环填料是综合了鲍尔环填料通量大及鞍形填料的液体再分布性能好的优点而开发出的填料，如图 7-14(f) 所示。金属鞍环填料于 1977 年才应用于生产，是由薄金属板冲成的整体鞍环。其优点是：保留了鞍形填料的弧形结构及鲍尔环的环形结构，并且有内弯叶片的小窗；全部表面能被有效地利用；流体湍动程度好，且有良好的液体再分布性能；通过能力大，压强降小，滞液量小；堆积密度小；填料层结构均匀。金属鞍环填料特别适用于真空蒸馏。

6. 球形填料

球形填料是用塑料铸成空心球形状的填料。为了增加填料的表面积，并减少填料的形体阻力，采用了空心球体，有的是由若干个平面组成，有的是由许多枝条状的棒连接而成，也有的采用表面开孔的办法，如图 7-14(g) 和（h）所示。

球形填料的优点在于床层上易充满填料，不会产生架桥和空穴等现象，因此床层上易堆积均匀，有利于气、液均匀分布。但由于塑料耐温性能差，故一般只用于气体吸收、净化、除尘等。

7. 波纹填料

它是一种整砌结构的新型高效填料，由许多片波纹薄板组成的圆饼状填料，其直径略小于壳体内径，如图 7-15 所示。波纹与水平方向成 45°倾角，相邻两板反向靠叠，使波纹倾斜方向互相垂直。圆饼的高度为 40～60mm，各饼垂直叠放于塔内，相邻的上下两饼之间，波纹板片排列方向互成 90°角。

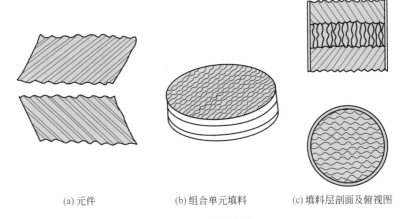

(a) 元件　　　　　　　(b) 组合单元填料　　　　(c) 填料层剖面及俯视图

图 7-15　波纹填料

波纹填料结构紧凑，有很大的比表面积，且因相邻两饼之间板片互相垂直，使上升气体不断改变方向，下降液体也不断重新分布，故传质效率高。填料的规整排列，使流动阻力减小，从而可以提高空塔气速。波纹填料的缺点是：不适宜于处理黏度大，易聚合或有沉淀物的物料；此外，填料的装卸、清理也较困难，造价高。

波纹填料有实体与网体两种。实体的称为波纹板，可由陶瓷、塑料、金属材料制造，根据工艺要求及介质的性质来选择适当的材料。网体的波纹片是由金属丝网制造而成的，属于网体填料。因丝网细密，故其空隙率高，比表面积可高达 $700 m^2 / m^3$，传质效率大为提高，每米填料层相当于 10 层理论板；每层理论板压降仅为 50～70Pa；操作弹性大；放大效应小。尽管波纹丝网的造价昂贵，但优良的性能使波纹丝网填料在工业上的应用日益广泛。

三、填料支承装置

填料在塔内无论是乱堆或整砌，均应放在支承装置上。支承装置要有足够的机械强度，足以支承上面填料及操作中填料所含液体的重量。支承板的自由截面积不应小于填料的自由截面积，以免增大流体阻力，否则将在气速增大时，在支承板处发生液泛，因而降低了塔的最大负荷。

栅板填料支承如图 7-16(a) 所示。这种支承结构具有相当大的自由截面积。有时也可用扁钢条组成的栅板来支承填料，扁钢条之间的距离应小于填料的外径（一般为外径的 60％～70％）。有时为了获得必要的自由截面积，扁钢条之间缝隙也可大于主体填料的外径。这时须在钢条上先铺一层直径较大的带隔板的环形填料，然后再将主体填料装上，如图 7-13 中局部放大所示结构。

除上述支承结构以外，尚可采用升气管式支承板。气体由升气管齿缝上升，

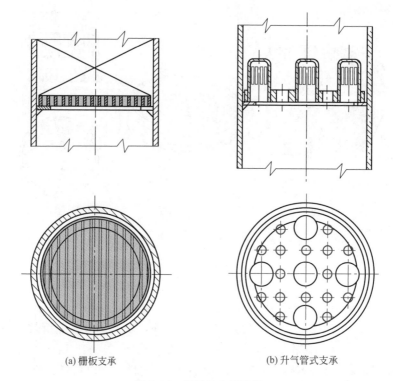

(a) 栅板支承   (b) 升气管式支承

图 7-16　填料的支承装置

而液体则由支承板上的小孔及齿缝的底部溢流下去，如图 7-16（b）所示。

四、液体的分布装置

1. 塔顶液体分布装置

由于普通填料塔的气液接触基本上在润湿的填料表面上进行，故液体在填料塔内的分布是非常重要的，它直接影响到填料表面的有效利用率。如果液体分布不均匀，填料表面不能充分润湿，就减少了塔内填料层中气液接触面积，致使塔的效率降低。为此，就要求填料层上方的液体均布器能为填料层提供好的液体初始分布，即能够提供足够多的均匀分布的喷淋点，且各喷淋点的喷淋液体量相等。对喷淋点密度的要求为：每 30～60cm² 塔截面上有一个喷淋点，大直径塔的喷淋密度可以小些。除此之外要求喷淋装置不易被堵塞，不至于产生过细的雾滴，以免被上升气体带走。液体喷淋装置的种类很多，主要介绍如下。

（1）莲蓬头式喷洒器　图 7-17 所示为一常用的莲蓬头式喷洒器。通常取莲蓬头直径 d 为塔径 D 的1/3～1/5，球半径为（0.5～1.0）d，喷洒角 $\alpha \leqslant 80°$。喷洒器外圈距塔壁 $x=70～100$mm。莲蓬头高度 $y=(0.5～1)D$，小孔直径为 3～

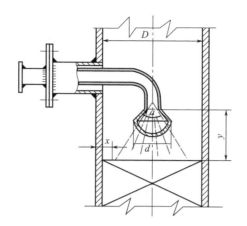

图 7-17 莲蓬头式喷洒器

10mm。此种喷洒器一般用于直径小于 0.6m 塔中。

（2）盘式分布器 如图 7-18 所示。液体从进口管流到分布盘上，盘上开有 3～10mm 的筛孔，或装有管径为 15mm 以上的溢流管，分布盘的直径为塔径的 0.65～0.8 倍。这种分布器用于直径大于 0.8m 的较大塔中。

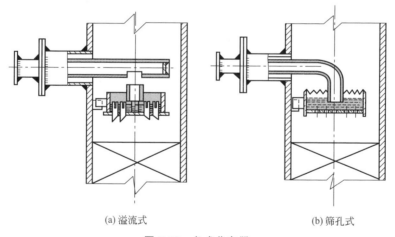

(a) 溢流式   (b) 筛孔式

图 7-18 盘式分布器

（3）齿槽式分布器 对于直径大于 2.5m 的塔，多使用齿槽式分布器，如图 7-19 所示。液体作两级分布，先通过主干齿槽向其下层的各条形齿槽作第一级分布，然后再向填料层均布。

2. 液体再分布器

液体再分布器是用来改善液体在填料层内的壁流效应的，所谓壁流效应，即液体沿

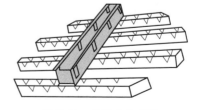

图 7-19 齿槽式分布器

填料层下流时逐渐向塔壁方向汇流的现象。所以，每隔一定高度的填料层就设置一个再分布器，将沿塔壁流下的液体导向填料层内。常用的为截锥式液体再分布器，如图 7-20 所示，适用于直径 0.6～0.8m 以下的塔。图 7-20（a）的截锥内没有支承板，能全部堆放填料，不占空间。当考虑需要分段卸出填料时，则采用图 7-20（b）形式，截锥上装有支承板，截锥下要隔一段距离再堆填料，而对于直径较大的塔可采用图 7-16（b）所示的升气管式支承板作为液体再分布器。每段填料层的高度因填料种类不同而不同，如拉西环填料壁流效应较为严重，每段填料层高度宜小。而鲍尔环和鞍形填料，则取得较大。

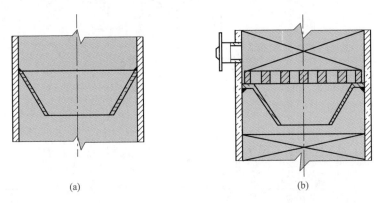

（a）　　　　　　　　　　　　　（b）

图 7-20　截锥式液体再分布器

第五节　脱吸和吸收操作流程

一、脱吸

使溶解于液相中的气体释放出来的操作称为脱吸（或解吸），脱吸是吸收的逆过程。化工生产中为了吸收剂循环使用和回收溶质，多采用吸收与脱吸的联合操作，如洗油脱苯、水洗液的脱气等均属解吸过程。其操作方法通常是使溶液与惰性气体或水蒸气逆流接触，溶液自塔顶引入，在其向下流动过程中与来自塔底的惰性气体或水蒸气相遇，气体溶质则逐渐从溶液中释出，于塔底收取纯净的溶剂，而塔顶则得到所脱出的溶质与惰性气体或与蒸汽的混合物。一般说来，应用惰性气体的脱吸过程，适用于溶剂的回收，不能直接得到纯净的溶质组分；应用水蒸气的脱吸过程，若原溶质组分不溶于水，则可通过塔顶冷凝器将混合气体冷凝后，由凝液中分离出水层的办法，得到纯净的原溶质组分。例如用洗油吸收焦炉气中的芳烃后，即可用此法获取芳烃，并使溶剂洗油得到再生。

有关吸收的基本原理与计算方法也适用于脱吸，只是脱吸的推动力与吸收相反，即溶质在液相中的实际浓度是大于与气相成平衡的浓度，因此脱吸过程的操作线，在 Y-X 图上是位于平衡线的下方，如图7-21所示。

此时 $X_2 > X_1$、$Y_2 > Y_1$。而 $Y_2^* - Y_2$、$X_2 - X_2^*$ 即为以气相浓度差和以液相浓度差表示塔顶截面上脱吸的推动力。

适用于吸收操作的设备，同样也适用于脱吸操作。也可按吸收的有关计算方法解决脱吸设备的诸问题，此不赘述。

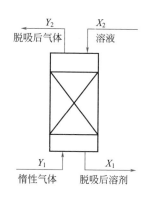
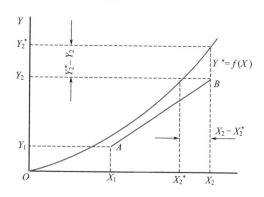

图 7-21　脱吸操作示意图

二、吸收操作流程

吸收设备的布置，首先要考虑的是气、液两相的流向问题，在一般吸收操作流程中，多采用逆流操作。在这样的操作条件下，两相传质平均推动力最大，可以减小设备尺寸，还可以提高吸收效率和吸收剂的使用效率。如用填料吸收塔时，亦可用并流操作，即气液均自上向下流动，其优点是可以防止逆流操作时的纵向搅动现象；提高气速时不受液泛限制。

其次在吸收设备的布置上，应考虑吸收剂是否需要再循环的问题。当吸收剂喷淋密度很小或塔中需要排除很大热量时，工业上就须采用吸收剂部分循环。这种带吸收剂部分循环的操作，不仅减小过程的平均推动力，还增大额外的动力消耗，所以非必需时不宜使用。吸收操作流程的布置，一般可分为吸收剂不再循环、吸收剂部分再循环、串联逆流吸收流程及吸收与解吸联合流程四种情况。

1. 吸收剂不再循环的流程

如图 7-22 所示。

2. 吸收剂部分再循环流程

当吸收剂喷淋密度很小，不能保证填料表面的完全润湿，或者塔中需要排除的热量很大时，工业上就用部分溶剂循环的吸收流程，如图 7-23 所示。

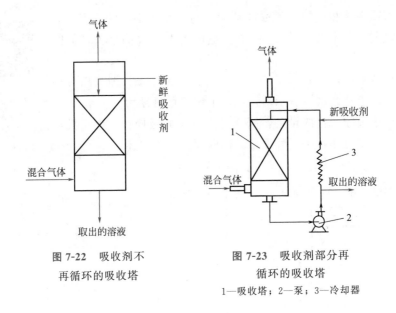

图 7-22 吸收剂不
再循环的吸收塔

图 7-23 吸收剂部分再
循环的吸收塔
1—吸收塔；2—泵；3—冷却器

在这种流程中，由于部分吸收剂循环使用，使吸收剂入塔组分含量较高，致
使吸收平均推动力减小；同时，也就降低了气体混合物中吸收质的吸收率。另
外，部分吸收剂的循环还需要额外的动力消耗。但是，它可以在不增加吸收
剂用量的情况下增大喷淋密度，且可由循环的吸收剂将塔内的热量带入冷却
器中移去，以减小塔内的升温。因此，可保证在吸收剂耗用量较小时的吸收
操作正常进行。

3. 串联逆流吸收流程

当分离任务所需塔的尺寸过高，或从塔底流出的溶液温度太高时，可将一个
高塔分成几个较低的塔，而串联组成一套吸收塔组，即所谓串联逆流吸收流程，
如图 7-24 所示。

操作时用泵将液体从一个塔抽送到另一吸收塔，并不循环使用，气体和液体
互成逆流流动。在塔间的管路上，可根据需要设置冷却器。另外在上述流程中，
也可以使吸收塔组的全部或某塔，采取带吸收剂部分循环的操作。

在生产上，如果处理的气量较大或所需塔径过大时，也可考虑由几个直径较
小的塔并联操作。此时，可将气体通路作串联，液体通路作并联；或者将气体通
路作并联，液体通路作串联，以满足生产要求。

4. 吸收与解吸联合流程

当需要将吸收剂回收再生时，吸收后即进行解吸，图 7-25 即为部分吸收剂
再循环的吸收和解吸联合流程。

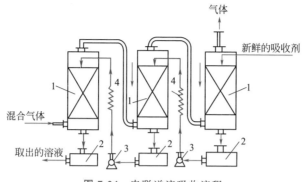

图 7-24　串联逆流吸收流程
1—吸收塔；2—贮槽；3—泵；4—冷却器

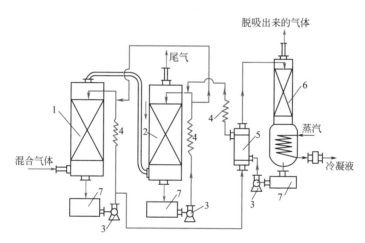

图 7-25　部分吸收剂再循环的吸收与脱吸联合流程
1,2—吸收塔；3—泵；4—冷却器；5—换热器；6—脱吸塔；7—贮槽

在此吸收塔系中，混合气体由吸收塔 1 底部进入，与吸收剂逆流流动进行吸收，由塔顶排出后，即进入吸收塔 2 与吸收剂二次逆流流动进行二次被吸收后，尾气由塔顶排出。

在这个操作过程中，每一吸收塔都采用吸收剂部分循环，即由吸收塔出来的溶液由泵 3 抽送经冷却器 4 部分再送回原吸收塔中。由第 2 吸收塔的循环系统所引出的部分吸收剂，则进入第 1 吸收塔的吸收剂循环系统。第 1 吸收塔底的部分吸收剂，经换热器 5 而进入脱吸塔 6，在这里释放出所溶解的组分气体。经脱吸后的吸收剂，从脱吸塔出来先经过换热器 5，和即将脱吸的溶液进行热交换后，再经冷却器 4 而回到第 2 吸收塔的循环系统中。

 **思考题**

7-1 如何从 H 和 E 的值，看出吸收的难易？温度变化对 H 和 E 值有何影响？

7-2 何谓"气膜控制"和"液膜控制"？

7-3 何谓最小吸收剂用量？为什么说它是最小的？实际用量又如何考虑？

7-4 填料在填料塔中的作用如何？化工生产中常用的填料有哪些形式？

7-5 何谓脱吸（解吸）？脱吸（解吸）有哪些方法？

习题

7-1 空气和氨的混合气总压为 101.3kPa，其中含氨的体积分数为 5%，试以摩尔比和质量比表示该混合气中的组成。

7-2 100g 纯水中含有 2g SO_2，试以摩尔比表示该水溶液中 SO_2 的组成。

7-3 含 NH_3 3%（体积分数）的混合气体，在填料塔中为水所吸收。塔内绝对压强为 202.6kPa。在操作条件下，气液平衡关系为

$$p^* = 267x$$

式中 p^*——气相中氨的分压，kPa；

x——液相中氨的摩尔分数。

试求氨溶液的最大浓度。

7-4 从手册中查得总压为 101.3kPa，温度为 25℃时，在 100g 水中含氨 1g，该溶液上方蒸气的平衡分压 p^* 为 0.986kPa。已知在此浓度范围内，该溶液服从亨利定律，稀氨水溶液的密度可按纯水计算。试求溶解度系数 H [kmol/($m^3 \cdot Pa$)] 和相平衡常数 m。

7-5 某混合气体中含 CO_2 22%（体积分数），其余为空气。混合气体温度为 30℃，压强为 506.5kPa，已知在 30℃时 CO_2 水溶液的亨利系数 E 为 1.88×10^5 kPa，CO_2 水溶液的密度可按纯水计算。试求溶解度系数 H [kmol/($m^3 \cdot kPa$)]、平衡常数 m，并计算与该气体平衡时 100kg 水中，可溶解若干千克 CO_2？

7-6 在 303K 时，CO_2 在水中的溶解度如下：

CO_2 在气相的分压 p/kPa	1.013	5.065	10.13	30.39	50.65	101.3	303.9	506.5
CO_2 在水中的溶解度/(kg/m^3 水)	0.013	0.065	0.130	0.390	0.650	1.28	3.75	6.07

试作出总压 $P = 1722$kPa（绝压）下的 Y-X 平衡曲线。

7-7 于 101.3kPa，27℃下用水吸收混于空气中的甲醇蒸气。甲醇在气液两相中的浓度很低，平衡关系服从亨利定律。已知溶解度系数 $H = 1.055$kmol/($m^3 \cdot kPa$)，气膜吸收分系数 $k_G = 1.55 \times 10^{-5}$ kmol/($m^2 \cdot s \cdot kPa$)，液膜吸收分系数 $h_L = 2.08 \times 10^{-5}$ kmol/($m^2 \cdot s \cdot kmol/m^3$)。试求吸收总系数 K_G 和气膜阻力在总阻力中所占的分数。

7-8 在一逆流吸收塔中，用清水吸收混合气体中的 CO_2。惰性气体处理量为 300m^3（标准）/h，进塔气体中含 CO_2 8%（体积分数），要求吸收率 95%，操作条件下 $Y^* = 1600X$，操作液气比为最小液气比的 1.5 倍。求：（1）水用量和出塔液体组成；（2）写出操作线方程。

7-9 在逆流操作的吸收塔中，于 101.3kPa、25℃下用清水吸收混合气中的 H_2S，将其浓

度由 2% 降至 0.1%（体积）。该系统符合亨利定律，亨利系数 $E=55200kPa$。若取吸收剂用量为最小用量的 1.2 倍，试计算操作液气比 L/V 及液相出口组成 X_1。

若操作压强改为 1013kPa，其他已知条件不变，再求 L/V 及 X_1。

7-10　某厂有一 CO_2 水洗塔，塔内装填 50mm×50mm×4.5mm（乱堆）瓷拉西环，用来处理合成原料气，原料气中含 CO_2 为 29%（体积），其余为 N_2、H_2 和 CO 等惰性组分，原料气量为 12000m^3（标准）/h。操作压强为 1722kPa（绝压），操作温度为 303K，要求水洗后 CO_2 不超过 1%（体积），假定在实际操作中用新鲜水吸收，所得吸收液浓度为最大浓度的 70%，平衡线如题 7-6 所示。试计算 CO_2 的吸收率和水的耗用量。

7-11　在 20℃ 及 101.3kPa 下，用清水分离氨和空气的混合气体。混合气体中氨的分压为 1.33kPa，经处理后氨的分压下降到 $6.8×10^{-3}kPa$，混合气体的处理为 1020kg/h，操作条件下平衡关系为 $Y^*=0.755X$。若适宜吸收剂用量为最小用量的 2 倍时，求吸收剂用量。

7-12　在某填料吸收塔中，用清水处理含 SO_2 的混合气体。进塔气体中含 $SO_2$18%（质量分数），其余为惰性气体。混合气的相对分子质量取为 28，吸收剂用量比最小用量大 65%，要求每小时从混合气体中吸收 2000kg 的 SO_2。在操作条件下气液平衡关系为 $Y^*=26.7X$，试计算每小时吸收剂用量为若干立方米？

7-13　在常压填料吸收塔中，以清水吸收焦炉气中的氨气，标准状况下，焦炉气中氨的浓度为 0.01kg/m^3、流量为 5000m^3/h。要求回收率不低于 99%，若吸收剂用量为最小用量的 1.5 倍。混合气体进塔的温度为 30℃，空塔速度为 1.1m/s。操作条件下平衡关系为 $Y^*=1.2X$，气相体积吸收总系数 $K_Y\alpha=200kmol/(m^3 \cdot h)$。试求填料层高度。

第八章

液-液萃取

　　液-液萃取也称溶剂萃取，简称**萃取**。萃取也是分离液体混合物的一种单元操作。这种操作是选用一种适宜的溶剂加入待分离的混合液中，溶剂对混合液中欲分离出的组分应有显著的溶解能力，而对余下的组分应是完全不互溶或部分互溶。这样，将一定量的溶剂与被分离的混合液进行接触，即可使混合液中被分离组分经过液-液两相界面而扩散到溶剂中去，以达到与混合液中其他组分分离的目的。这种根据混合液体中各组分在所选择的同一种溶液中**溶解度的差异**，使混合液中欲分离组分溶解于溶剂中，达到与其他组分完全或部分分离的操作，称为萃取操作。在萃取过程中，所选用的溶剂称为**萃取剂**，以 **S** 表示；混合液体中欲分离的组分称为**溶质**，以 **A** 表示，混合液体中的原溶剂称为**稀释剂**，以 **B** 表示。

　　萃取操作的基本过程如图 8-1 所示。将一定量溶剂加入原料液中，然后加以搅拌使原料液与溶剂充分混合，溶质通过相界面由原料液向萃取剂中扩散，所以萃取操作与精馏、吸收等过程一样，也属于两相间的传质过程。萃取操作完成后使两相进行沉降分层。其中：含萃取剂 S 多的一相称为**萃取相**，以 **E** 表示；含稀释剂 B 多的一相称为**萃余相**，以 **R** 表示。萃取相和萃余相均是液体混合物。

　　为了得到产品 A 并回收萃取剂 S，还需对这两相进行分离，通常将这一步骤

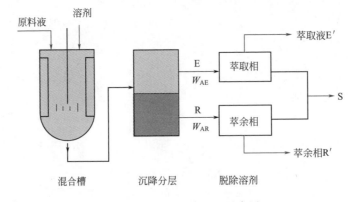

图 8-1　萃取操基本过程示意图

称为**脱溶剂**，脱溶剂一般采用蒸馏方法。当溶质 A 为不挥发或挥发度很低的组分时，可采用蒸发方法，有时也可采用结晶或其他化学方法。萃取相和萃余相脱除溶剂后分别得到萃取液和萃余液，以 E′ 和 R′ 表示。

在分离混合液体的生产过程中，萃取主要用于以下三种情况：

（1）混合液的相对挥发度小，或形成恒沸物，用一般蒸馏方法远不能达到分离要求或不经济；

（2）稀溶液的分离，采用蒸馏操作消耗能量过大；

（3）溶液中组分热敏性很高，用蒸馏方法容易使物料受热破坏。

倘若在分离混合液体时蒸馏与萃取方法均可应用，其选择的依据主要是由经济性来确定。

第一节　液-液萃取相平衡

液-液相平衡是指在确定的萃取体系内和一定的条件下，被萃取组分在两液相之间所具有的**平衡分配关系**。在达到萃取平衡之后，这一分配关系并不随两相接触时间的加长而变化，即萃取过程是以此平衡分配关系作为过程的极限。

萃取过程中至少要涉及三个组分，即溶质 A、稀释剂 B 和萃取剂 S。对于这种**三元物系**，若所选择的萃取剂和稀释剂两相不互溶或基本上不互溶，则萃取相和萃余相中都只含有两个组分，其平衡关系就类于吸收操作中的**溶解度曲线**，可在直角坐标上标绘，如图 8-2 所示。

图 8-2 为稀释剂 B 与萃取剂 S 不互溶时，溶质 A 在两液相中平衡关系。图中纵坐标表示溶质在萃取剂中质量比 Y_W，横坐标表示溶质在稀释剂中的质量比 X_W。图中平衡曲线称为**分配曲线**。

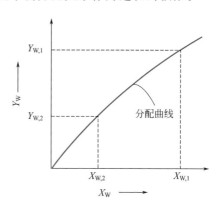

图 8-2　B 与 S 不互溶时，溶质 A 在两液相中的平衡关系

但若是萃取剂与稀释剂部分互溶，于是在萃取相和萃余相中都含有三个组分，此时为了既可以表示出被萃取组分在两相间的平衡分配关系，又可以表示出萃取剂和稀释剂两相的相对数量关系和互溶状况，通常采用在三角形坐标图中表示其平衡关系，即三角形相图。

一、组成在三角形相图上的表示方法

三角形相图可分为正三角形和直角三角形两种，如图 8-3 所示。

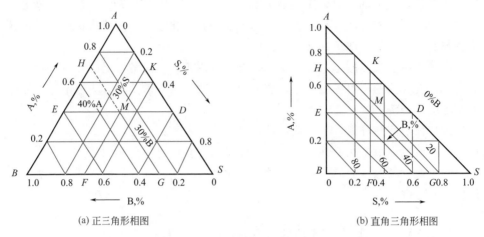

(a) 正三角形相图　　　　　　(b) 直角三角形相图

图 8-3　三角形相图组成的表示法

在图 8-3(a) 中，正三角形的三个顶点分别表示纯物质。如图中 A 点代表溶质 A 的组成为 100%，其他两组分的组成为零；同理，B 点和 S 点分别表示纯的稀释剂和萃取剂。

三角形任一边上的任一点代表二元混合物，第三组分的组成为零。如图中 AB 边上的 E 点，代表 A、B 二元混合物，其中 A 的组成为 40%，B 的组成为 60%，S 的组成为零。

三角形内任一点代表三元混合物。图中 M 点即表示由 A、B、S 三个组分组成的混合物。其组成可按下法确定：过 M 点分别作三个边的平行线 ED、HG、KF，则线段 $\overline{BE}$（或 $\overline{SD}$）代表 A 的组成，线段 $\overline{AK}$（或 $\overline{BF}$）代表 S 的组成，线段 $\overline{AH}$（或 $\overline{SG}$）代表 B 的组成。由图上读得，该混合液的组成为：$w_A = 0.40$，$w_B = 0.30$，$w_S = 0.3$。三个组分的质量分数之和等于 1，即

$$w_A + w_B + w_S = 0.40 + 0.30 + 0.30 = 1.0$$

直角三角形相图与上述正三角形相图不同，除边 BA 与底边 BS 垂直外，还有萃取剂 S 的标尺改写在底边上，如图 8-3(b) 所示。B 的含量，由坐标轴上查得 S 及 A 后，按下式计算：

$$w_B = 1 - w_A - w_S$$

当使用直角三角形坐标图表示上述混合液时，从图 8-3(b) 可以看出，M 点的横坐标即表示萃取剂 S 的质量分数 $w_S = 0.3$，M 点的纵坐标表示溶质 A 的质量分数 $w_A = 0.4$，而 $w_B = 1 - w_A - w_S = 1 - 0.4 - 0.3 = 0.3$。可见用直角三角形图较为方便。

二、相平衡关系在三角形相图上的表示方法

根据组分的互溶性，可将三元体系分为以下三种情况：①溶质 A 完全溶于

稀释剂 B 及萃取剂 S 中，但 B 与 S 不互溶；②溶质 A 可完全溶解于 B 及 S 中，但 B 与 S 为一对部分互溶组分；③组分 A、B 可完全互溶，但 B、S 及 A、S 为两对部分互溶组分。

通常将①、②两种情况称为第Ⅰ类物系，如丙酮（A）-水（B）-甲基异丁基酮（S）、乙酸（A）-水（B）-苯（S）等系统；将第③种情况称为第Ⅱ类物系，如甲基环己烷（A）-正庚烷（B）-苯胺（S）、苯乙烯（A）-乙苯（B）-二甘醇（S）等。第Ⅰ类物系在萃取操作中较为常见，以下主要讨论这类物系的相平衡关系。

1. 溶解度曲线与联结线

如图 8-4 所示，曲线 *RDPGE* 称为**溶解度曲线**，曲线上每一点都是匀相点，

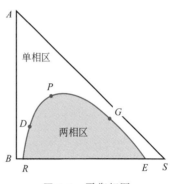

图 8-4　平衡相图

是 A、B、S 三组分组成的三元混合液的分层点（或称混溶点）。溶解度曲线将三角形相图分成两个区。该曲线与底边 *R*、*E* 所围的区域为分层区或两相区，即三元混合液的组成落在此区内可分为两个液层。而在曲线上方的区域称为单相区，即三元混合液的组成落在曲线以上，则各组分完全互溶而形成均一的液相。两相区是萃取过程的可操作范围。

溶解度曲线数据可以通过实验测得。在锥形瓶中称取一定量纯组分 B，逐渐滴加萃取剂 S，不断摇匀使其溶解。由于 B 中仅能溶解少量 S，故滴加到一定数量后混合液开始发生混浊，即出现了萃取剂 S 相。记录滴加的溶剂量，即为组分 B 中溶解萃取剂 S 的饱和溶解度。此饱和溶解度可用直角三角形相图中的点 *R* 表示，如图 8-5 所示，该点即分层点。

在上述溶液中滴加少量溶质 A，因溶质的存在增加了 B 与 S 的互溶度，使混合液又呈透明，此时混合液的组成在图 8-5 中 *AR* 连线上的 H_1 点。再向此溶液中滴加 S，溶液再次呈现混浊，从而可算得新的分层点 R_1 的组成，此 R_1 必须在 SH_1 的连线上。在上述溶液中交替滴加 A 与 S，重复上述实验，即可获得若干分层点 R_2、R_3 等。

今在另一锥形瓶中称取一定量纯萃取剂 S，逐渐滴加组分 B，则可得分层点 *E*。再交替滴加溶质 A 和 B，同样可得若干分层点。

将上述实验所得分层点连成一条光滑的曲线，即为溶解度曲线。整个实验均须在恒定温度下进行。

现取由稀释剂 B 与萃取剂 S 组成的双组分溶液，其组成以图 8-6 中的 *M* 点表示。该溶液必分成两层，其组成分别为点 *R* 和 *E* 表示。

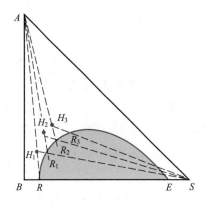

图 8-5 溶解度曲线的绘制

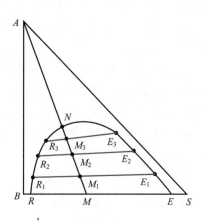

图 8-6 联结线的绘制

在此混合液 M 中滴加少量溶质 A，混合液的组成移到图 8-6 中 MA 的连线上 M_1 点。充分摇匀，使溶质 A 在两相中的浓度达到平衡。静置分层后，取两相试样进行分析，它们的组成分别在点 R_1、E_1。此互成平衡的两相称为共轭相（或平衡液），R_1、E_1 的联线称为**平衡联结线**（或称**联结线**）。在上述两相混合液中逐次加入溶质 A，重复上述实验，则可在溶解度曲线下方得若干条联结线，每一条联结线的两端皆为互成平衡的共轭相。这些线段长度是随着组分 A 含量的增加而逐渐变短，当 A 的加入量增加到某一程度，混合液的组成抵达图中点 N 处，分层现象就完全消失。继续加入 A，混合液将一直保持均相状态。

在相图上两相区面积的大小，不仅取决于三组分体系本身的性质，而且与操作温度有关。如图 8-7 所示为二十二烷（A）-二苯基己烷（B）-糠醛（S）三元混

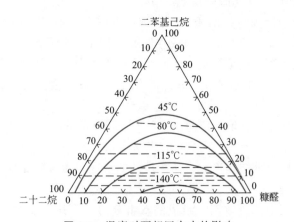

图 8-7 温度对两相区大小的影响

合液的相图，当温度依次由 45℃ 升高到 80℃、115℃、140℃ 时，两相区随温度升高而逐渐缩小。若温度再继续上升，则两相区完全消失，而成为一个完全互溶的均相三元混合液，这时萃取操作将无法进行。

三元混合溶液的溶解度曲线和平衡联结线的平衡组成数据均由实验测得。常见物系的实验数据载于有关书籍和手册中。

2. 临界混溶点和辅助曲线

图 8-8 中 PL 曲线称为**辅助曲线**，此曲线间接地表达三元混合液中相互平衡的两液层间的组成关系。可借此辅助曲线确定平衡分配关系。辅助曲线可按如下步骤绘出：参照图 8-8，假设已知联结线 R_1E_1、R_2E_2、E_3R_3，分别从 R_1、R_2、R_3 做 BS 边的平行线，又从 E_1、E_2、E_3 做 BS 边的垂线，则可得三个对应的交点 H、K、J，诸交点的曲线 $LJKHP$ 即为辅助线，又称**共轭曲线**。

因此，可依图 8-8 中辅助曲线，而从指定点 E 做 BS 边垂线，与辅助线交于一点 M，再从 M 点做 BS 边的平行线交溶解度曲线于点 R，则 R 点即为 E 相的共轭相。同理亦可由确定点 R 利用辅助曲线找出对应的点 E，该 E 点即为 R 相的共轭相。

辅助线终止于溶解曲线上的点 P，通过点 P 的联结线为无限短，相当于这一混合液的临界状况，而称点 P 为**临界混溶点**。它将溶解度曲线分为左右两支，左支上的任一点与右支上某一点（通过辅助线做出）成平衡关系，可连成联结

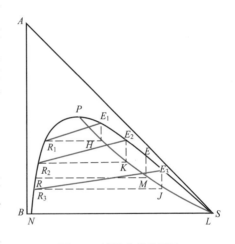

图 8-8 辅助曲线的画法

线。由于联结线通常都有一定的斜率，故临界混溶点一般并不在溶解度曲线的最高点，其位置可由实验求得。

3. 分配曲线与分配系数

将三角形相图上各相对应的平衡液层中溶质 A 的浓度若转移到 x-y 直角坐标上，即可得到分配曲线。如图 8-9 中的曲线 ONP 即为有一对组分部分互溶时的分配曲线。

图中 w_{AR}——组分 A 在 R 相中的质量分数；

w_{AE}——组分 A 在 E 相中的质量分数；

w_{AP}——组分 A 在临界混溶点 P 处的质量分数。

分配曲线表达了溶质 A 在相互平衡的 R 与 E 相中的分配关系，若已知某液

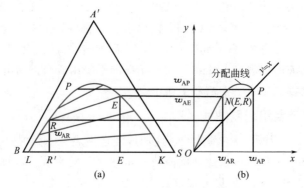

图 8-9 有一对组分部分互溶时的溶解度
曲线与分配曲线的关系图

相组成，可用分配曲线查出与此液相平衡的另一液相组成，在这一点上分配曲线
与辅助线的作用是相同的。

直接标绘由实验测得的组分 A 在两平衡液相中的组成也可获得分配曲线，
不同物系的分配曲线形状不同，同一物系的分配曲线随温度而变。

图 8-9 中两相区内的 R 及 E 两个液层，为在一定温度下三元物系达到平衡
时的共轭液层或共轭相。为了表达组分 A 在平衡共存的两液相中的分配关系，
则用分配系数表示，即

$$K_A = \frac{w_{AE}}{w_{AR}} = \frac{y}{x} \tag{8-1}$$

式中　w_{AE}——组分 A 在 E 相中的浓度，质量分数；

　　　w_{AR}——组分 A 在 R 相中的浓度，质量分数；

　　　K_A——分配系数。

分配系数为在一定温度下，当原料液与加入的萃取剂达到平衡时，组分 A
在两个液层中的浓度之比。显然 K_A 的数值与取哪相的浓度值作为分子有关。在
萃取操作中，一般，以富萃取剂相的浓度作分子，以富稀释剂相的浓度作分母，
表示 K_A 值，如式(8-1) 即是。

由于式(8-1) 表达平衡时两相液层中溶质 A 的分配关系，故又称为平衡关
系式。由于分配曲线不是直线，故在一定温度下，同一物系的 K_A 值随溶质 A
的浓度而变。当溶质 A 的浓度变化不大时，K_A 在恒温下可视为常数，其值可由
实验确定。

对 S 与 B 部分互溶的物系，K_A 与联结线的斜率有关。显然，联结线的斜率
愈大，K_A 也愈大，愈有利于萃取的分离。

4. 杠杆规则（混合规则）

在萃取操作计算时，常常利用杠杆规则确定平衡各相之间的相对数量关系。

如图 8-10 所示，将质量为 m_R、组成为 w_{AR}、w_{BR}、w_{SR} 的混合液 R 与质量为 m_E、组成为 w_{AE}、w_{BE}、w_{SE} 的混合液 E，这两种不同组成的三元混合液相混合得到一个质量为 m_M、组成为 w_{AM}、w_{BM}、w_{SM} 的新混合液 M。M 点称为 R 点和 E 点的和点，而 R 点是 M 点与 E 点的差点，E 点是 M 点与 R 点的差点。

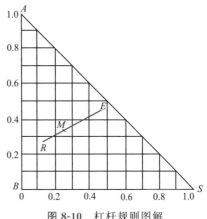

图 8-10 杠杆规则图解

新混合液 M 点与两混合液 R 点与 E 点之间关系可用杠杆规则描述，即

① 代表新混合液总组成的 M 点和代表两混合液组成的 R 点与 E 点在同一直线上；

② E 点混合液与 R 点混合液质量之比等于线段 $\overline{MR}$ 与 $\overline{ME}$ 之比，即

$$\frac{m_E}{m_R} = \frac{\overline{MR}}{\overline{ME}} \tag{8-2}$$

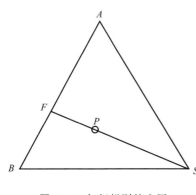

图 8-11 杠杆规则的应用

式中 m_E、m_R——混合液 E 和混合液 R 的质量，kg；

$\overline{MR}$、$\overline{ME}$——线段 $\overline{MR}$、$\overline{ME}$ 的长度，m。

杠杆规则的应用可举例说明如下：某 A、B 二元溶液的组成以图 8-11 上的点 F 代表。将萃取剂 S 加入其中，所得三元混合液的总组成将以连线 FS 上的一点 P 代表，而点 P 的位置符合以下的比例关系

$$\frac{\overline{PF}}{\overline{PS}} = \frac{S}{F}$$

当逐渐增加萃取剂 S 的量，点 P 将沿 FS 线向顶点 S 移动。至于混合液中 A 与 B 的比例则不变，即与原二元溶液相同。

三、萃取过程在三角形相图上的表示方法

如图 8-12(a) 所示为一单级萃取流程。使原料液和全部萃取剂在萃取器内一

次进行充分接触，经过一定时间后，将萃取相与萃余相分别取出，再进行溶剂回收，于是整个过程将原料液分离成为含 A 较多的萃取液与含 A 较少的萃余液。

在上述单级萃取操作过程中，原料液若由稀释剂 B 和溶质 A 所组成的二元混合液，则表示该原料液的组成点 F，必在图 8-12(b) 三角形相图的 AB 边上。若向此原料液中加入适量萃取剂，其量足以使混合液的总组成落在两相区的某点 M，则此点 M 依杠杆规则可知必在 FS 的直线上。S 与 F 的数量关系依杠杆规则可表达为

$$\frac{S}{F}=\frac{\overline{MF}}{\overline{MS}}$$

经过充分混合接触，使溶质 A 进行重新分配，随后，静置形成两个液层。若两相已达到平衡，则其组成可分别由图 8-12(b) 中 R、E 两点所表示，而其间的数量关系同样由杠杆规则确定，即

$$\frac{E}{R}=\frac{\overline{MR}}{\overline{ME}}$$

在萃取操作终了时，经分离液层可得到萃取相与萃余相。上述萃取相中所含的萃取剂要进行回收以循环使用，同时可获得含溶质浓度较高的产品。若从萃取相中完全脱除溶剂，则从图 8-12(b) 中可以看出其脱除过程将沿 SE' 直线进行，其组成由 E 点逐渐变化到 E'。此 E' 点中溶质 A 的含量比原料液 F 点中为高（F 点处组成含 A 为 40%，而 E' 中含 A 为 65%）。同样，从萃余相中完全脱除稀释剂后可以得到二组分混合液的组成为 R' 点，此 R' 点中含稀释剂的量比原料液 F 点中为高（F 点处组成含 B 为 60%，而 R' 点中含 B 为 88%）。由上可知原料液经过萃取并脱除溶剂以后，其所含有的 A、B 组分已得到了部分分离。E' 与 R' 间的数量关系也可以用杠杆规则来确定，即

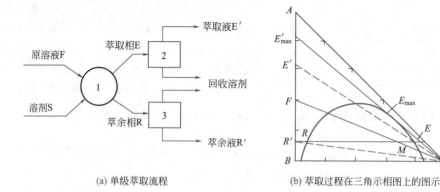

(a) 单级萃取流程　　　　　　(b) 萃取过程在三角示相图上的图示

图 8-12　单级萃取过程

1—萃取器；2,3—溶剂回收装置

$$\frac{E'}{R'} = \frac{\overline{FR'}}{\overline{FE'}}$$

若从 S 点作溶解度曲线的切线，切点为 E_{max}，延长此切线与 AB 边相交于 E'_{max} 点，即为在一定操作条件下，可能获得的含组分 A 最高的萃取液的组成点。亦即萃取液中组分 A 能达到的极限浓度。

四、萃取剂的选择

1. 萃取剂的选择性系数

若萃取剂对溶质 A 的溶解能力较大，而对稀释剂 B 的溶解能力很小，则这种萃取剂选择性较好。通常以选择性系数 **β** 来衡量萃取剂的选择性，其定义式为

$$\beta = \frac{w_{AE}/w_{AR}}{w_{BE}/w_{BR}} \tag{8-3}$$

或
$$\beta = K_A \frac{w_{BR}}{E_{BE}} \tag{8-3a}$$

式中　β——萃取剂 S 对溶质 A 和稀释剂 B 之间的选择性系数；

w_{AE}——溶质 A 在萃取相中的浓度，质量分数；

w_{BE}——稀释剂 B 在萃取相中的浓度，质量分数；

w_{AR}——溶质 A 在萃余相中的浓度，质量分数；

w_{BR}——稀释剂 B 在萃余相中的浓度，质量分数。

一般情况下，萃余相中的稀释剂 B 含量总是比萃取相中为高，亦即 $w_{BR}/w_{BE}>1$。又由式(8-3a)可看出 β 值的大小直接与 K_A 值有关，因此凡影响 K_A 的因素也均影响选择性系数 β。在所有工业萃取操作中，β 值均大于 1。β 值越大越有利于组分的分离。若 β 值等于 1，由式(8-3) 可知 $w_{AE}/w_{BE} = w_{AR}/w_{BR}$，即组分 A 与 B 在两平衡液相 E 及 R 中的比例相等。这说明所选用的萃取剂是不适宜的。

2. 萃取剂的选择

在萃取操作中，所选取用的萃取剂是否适宜，对萃取的分离效果与过程的经济程度有很大影响。在选择萃取剂时，应考虑以下几个方面。

（1）萃取剂的选择性　若选用选择性好的萃取剂，则其用量可以减少，所得产品质量也较高。

（2）萃取剂与稀释剂的互溶度　萃取剂与稀释剂的互溶度愈小，愈有利于萃取。如图 8-13 所示，互溶度大则两相区的范围就小；互溶度小，萃取操作的范围则较大。图中联结线 E_1R_1 与 E_2R_2 具有相同的分配系数，显然，互溶度小的物系选择性系数 β 值较大，因此可以获得较好的分离效果。

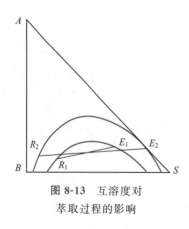

图 8-13　互溶度对
萃取过程的影响

（3）萃取剂的物理性质

① 密度　不论是分级接触式萃取还是连续接触萃取，萃取相与萃余相之间应有一定的密度差，以利于两个液相在充分接触后能较快地分层，从而可以提高设备的生产能力。

② 界面张力　物系的界面张力较大时，细小的液滴比较容易聚结，有利于两相分层，但分散程度较差。界面张力过小，易产生乳化现象，而使两相较难分层。实际操作中，液滴的聚结程度较分散程度更为重要，故一般多选用界面张力较大的萃取剂。

③ 比热容小，可减少回收时的操作费用。

④ 为了便于操作、输送及贮存，萃取剂的黏度与凝固点应较低，并应具有不易燃、毒性小等性质。

（4）萃取剂的化学性质　萃取剂应化学性质稳定，对设备无腐蚀性。

（5）萃取剂回收的难易　一般回收萃取剂要用蒸馏方法，若被萃取的溶质是不挥发的或挥发性很低时，则可采用蒸发的方法回收。萃取操作中，萃取剂回收是消耗操作费用最多的过程。所以萃取剂回收的难易，在选择时要充分考虑。

（6）萃取剂应价廉易得　萃取剂选择的范围一般很宽，但若要求选用的溶剂具备期望的特性，往往也是难以达到的。最后的选择仍应按经济效果进行权衡，以定取舍。

例 8-1 》》　乙酸-苯-水三元混合液，在 25℃ 的液-液平衡数据如本例附表所示。表中所列出的数据均为苯相与水相互成平衡的两液层的组成。依此数据，在直角三角形坐标上标绘（1）溶解度曲线；（2）绘出与本例附表中实验序号第 2、3、4、6、8 组数据相对应的联结线；（3）绘出辅助曲线并标出临界混溶点。

例 8-1 附表　乙酸-苯-水系统的液-液平衡数据（25℃）

实验序号	苯相质量分数/%			水相质量分数/%		
	乙酸	苯	水	乙酸	苯	水
1	0.15	99.85	0.001	4.56	0.04	95.4
2	1.40	98.56	0.04	17.7	0.20	82.1
3	3.27	96.62	0.11	29.0	0.40	70.6

续表

实验序号	苯相质量分数/%			水相质量分数/%		
	乙酸	苯	水	乙酸	苯	水
4	13.3	86.30	0.40	56.9	3.3	39.8
5	15.0	84.50	0.50	59.2	4.0	36.8
6	19.9	79.40	0.70	63.9	6.5	29.6
7	22.8	76.35	0.85	64.8	7.7	27.5
8	31.0	67.1	1.90	65.8	18.1	16.1
9	35.3	62.2	2.50	64.5	21.1	14.4
10	37.8	59.2	3.00	63.4	23.4	13.2
11	44.7	50.7	4.6	59.3	30.0	10.7
12	52.3	40.5	7.2	52.3	40.5	7.2

解　（1）根据本题附表所给出的数据，首先在直角三角形坐标上标出此混合液的各组成点，连接各点即可得如附图所示的溶解度曲线。

（2）根据附表中第 2、3、4、6、8 各组数据，在本例附图上先标绘出 R_1、E_1、R_2、E_2…各点，连接各对应点所得的直线 R_1E_1、R_2E_2…即为所求的联结线。

（3）附表中最末一组数据 E 与 R 点的组成相同，即表明互成平衡的两液相组成重合于一点，此点即为临界混溶点，即本题附图中的 P 点。

从 E_1 点做垂直线，从 R_1-1 点做水平线，两线相交于 G 点；同样从 E_2、E_3、E_4、E_5 做垂线，再从 R_2、R_3、R_4、R_5 做水平线，得出交点 H、I、J、L，连接 PLJIHGS 诸点，即得所欲求的辅助曲线。

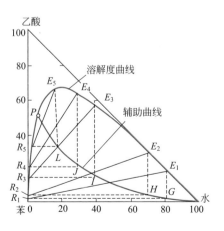

例 8-1 附图

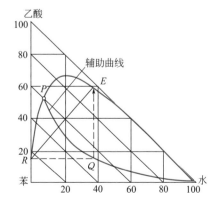

例 8-2 附图

例 8-2 在例 8-1 的系统中，若已知在 25℃ 时，此三元混合液充分混合后，静置分为两个液层。其一液层的组成为 15％乙酸、0.5％水，其余为苯（均为质量分数）。现利用例 8-1 已绘出的辅助曲线，图解求出与其相平衡的另一液相组成，绘出其联结线，并求出在本例题条件下乙酸在两液相中的分配系数 K_A 及选择性系数 β。

解 （1）在例 8-1 附图中溶解度曲线是已知的，按题意先标出组成为 15％乙酸、0.5％水的组成点，此点在临界混溶点 P 的左侧，即 R 点。由 R 点做水平线与辅助线相交于点 Q，再由点 Q 做垂直线与溶解度曲线相交于点 E，连 RE 即为所求的联结线。由图上点 R 可以读出含有乙酸 15％、水 0.5％、苯 84.5％ 的 R 相组成相平衡的 E 相组成为 59％乙酸、37％水、4％苯。

（2）乙酸在 R 相中的含量为 15％，在 E 相中的含量为 59％。所以，其分配系数

$$K_A = \frac{w_{AE}}{w_{AR}} = \frac{0.59}{0.15} = 3.93$$

又苯在 R 相中的含量 84.5％，在 E 相中的含量为 4％，所以选择性系数

$$\beta = \frac{w_{AE}/w_{AR}}{w_{BE}/w_{BR}} = \frac{3.93}{4/84.5} = 83.02$$

第二节　液-液萃取操作的流程和计算

液-液萃取操作设备可分为分级接触式萃取和连续接触式萃取两类。本节主要讨论分级接触式萃取的流程和计算，对连续接触式萃取的流程和计算则仅作简要介绍。

在分级接触式萃取过程计算中，无论是单级还是多级操作，均假设物系在萃取器内，经过充分接触传质，使被萃取组分在萃取相与萃余相之间达到萃取分配平衡，即假定萃取器起到一个理论级的作用。这时的理论级类似于蒸馏中的理论板，是设备操作效率比较的标准。实际的萃取效果均低于此理想情况，两者的差异用级效率校正。级效率目前尚无准确的理论计算方法，一般需针对具体的设备通过实验测定。

一、单级萃取流程和计算

单级接触式萃取可用于间歇操作，也可用于连续生产。图 8-12(a) 即为单级接触萃取操作的流程。在计算中，一般已知物系的相平衡数据，原料液量 F 及

其组成 w_{AF}，规定欲达到的萃余相溶质 A 的浓度 w_{AR}。通过计算求取萃取剂用量 S，萃余相量 R 与萃取相量 E 及其组成 w_{AE}。

在间歇操作中，以上各液相量的单位均以 kg 表示；在连续操作中则可用 kg/h 表示。

1. 原溶剂 B 与萃取剂 S 部分互溶物系

图解计算时，依物系的平衡数据绘出溶解度曲线与辅助曲线。若已知分成两相后的其中一相组成，则已达平衡的另一个液相组成可借辅助曲线求得，若两相组成均为未知，而知道混合液 M 的组成，则也可借辅助曲线用试差作图法求得萃取相 E 与萃余相 R 的组成点。

若采用纯溶剂作萃取剂，混合物组成就在 FS 连线上，故 FS 与 RE 两线交点 M 即代表萃取器中两相混合物的总组成。

依杠杆规则可知萃取剂所用量 S 为

$$S = F \frac{\overline{MF}}{\overline{MS}}$$

式中，$\overline{MF}$ 与 $\overline{MS}$ 线段长度可由图上量出。

此外，萃取相 E、萃余相 R 以及萃取液 E' 与萃余液 R' 的量，也均可依物料衡算与杠杆规则求得。

依总物料衡算知

$$F + S = R + E = M \tag{8-4}$$

对溶质 A 作衡算

$$F w_{AF} + S w_{AS} = R w_{AR} + E w_{AE} = M w_{AM} \tag{8-5}$$

式中　F——原料液的量，kg 或 kg/h；

S——纯萃取剂的量，kg 或 kg/h；

R——萃余相的量，kg 或 kg/h；

E——萃取相的量，kg 或 kg/h；

M——混合液的量，kg 或 kg/h；

w_{AF}——溶质 A 在原料液中的质量分数；

w_{AS}——溶质 A 在萃取剂中的质量分数；

w_{AR}——溶质 A 在萃余相中的质量分数；

w_{AE}——溶质 A 在萃取相中的质量分数；

w_{AM}——溶质 A 在混合液中的质量分数。

依杠杆规则求 E 及 R，得

$$E = M \frac{\overline{MR}}{\overline{RE}}$$

及
$$R = M - E \tag{8-6}$$

联立式(8-4)、式(8-5) 及式(8-6) 得

$$E = M - R = M - \frac{Mw_{AM} - Ew_{AE}}{w_{AR}}$$

再整理得
$$E = \frac{M(w_{AM} - w_{AR})}{w_{AE} - w_{AR}} \tag{8-7}$$

同理，可求得萃取液 E' 与萃余液 R' 的量为：

$$E' = \frac{F(w_{AF} - w_{AR'})}{w_{AE'} - w_{AR'}} \tag{8-8}$$

$$R' = F - E' \tag{8-9}$$

式中　E'——萃取液的量，kg 或 kg/h；

　　　R'——萃余液的量，kg 或 kg/h；

　　　$w_{AE'}$——溶质 A 在萃取液中的质量分数；

　　　$w_{AR'}$——溶质 A 在萃余液中的质量分数。

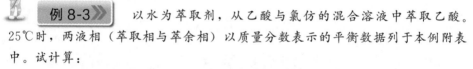

例 8-3 以水为萃取剂，从乙酸与氯仿的混合溶液中萃取乙酸。25℃时，两液相（萃取相与萃余相）以质量分数表示的平衡数据列于本例附表中。试计算：

（1）若原混合液的量为 1000kg，乙酸的浓度为 35%。用 1000kg 水作萃取剂，找出混合液组成点 M 的坐标位置。

（2）经单级萃取后萃取相 E 与萃余相 R 的组成与数量。

例 8-3 附表

氯仿层（R 相）		水层（E 相）		氯仿层（R 相）		水层（E 相）	
乙酸	水	乙酸	水	乙酸	水	乙酸	水
0.00	0.99	0.00	99.16	27.65	5.20	50.56	31.11
6.77	1.38	25.10	73.69	32.08	7.93	49.41	25.39
17.22	2.24	44.12	48.58	34.16	10.03	47.87	23.28
25.72	4.15	50.18	34.71	42.50	16.5	42.50	16.50

解　依题附表中给出的平衡数据首先在直角三角形坐标图上标绘出对应的 R 相和 E 相的组成点，连接诸点可得溶解度曲线如本例附图所示（为了作图与读数方便，一般在直角三角形坐标图中，只在两直角边上分别标出组分 A 和 S 的组成）。

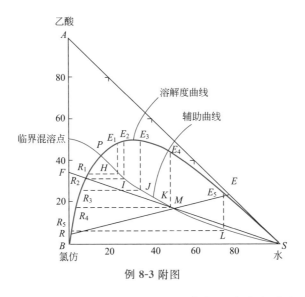

例 8-3 附图

由各对应的 E_1、R_1、E_2、R_2、E_3、R_3 诸点做垂直和平行直角边的直线，连接各组对应线的交点所得的曲线 PHIJKLS 即为辅助曲线。

已知原料液含乙酸 35%，其余为氯仿，依此可在三角形相图的 AB 边上确定点 F，连 FS 直线。因为原料液与萃取剂的量均为 1000kg，所以混合液的坐标点 M 在 FS 线的中点。利用所作出的辅助曲线用试差作图法找出通过点 M 的联结线 RE。由图可知两相的组成为

E 相：24.0%（A）、74.0%（S）、2.0%（B）；

R 相：7.0%（A）、1.0%（S）、92.0%（B）。

混合液 M 的量为

$$M = F + S = 1000 + 1000 = 2000 \text{kg}$$

依杠杆规则知

$$\frac{E}{M} = \frac{\overline{MR}}{\overline{ER}} = \frac{5.0}{7.7}$$

所以

$$E = 2000 \times \frac{5.0}{7.7} = 1298.7 \text{kg}$$

$$R = M - E = 2000 - 1298.7 = 701.3 \text{kg}$$

例 8-4 25℃时丙酮-水-三氯乙烷物系的溶解度数据列于本题附表中，表中的组成均为质量分数。

用直角三角形坐标求以下各项：

（1）丙酮水溶液中含丙酮50％（质量分数），总质量为100kg，欲得到含三氯乙烷为32％的混合溶液，应加入多少千克三氯乙烷？加入三氯乙烷后的混合液 M 中含有水与丙酮的组成各为多少？

（2）上述混合液 M 分层后，已知 R 相的组成为：水 71.5％，丙酮 27.5％，三氯乙烷1％（质量分数）。图解求出与之平衡的三氯乙烷相（E 相）的组成。

（3）在含丙酮与水各50％（质量分数）的二元混合液中加入多少千克的三氯乙烷才能使混合液开始分层？

（4）在上述（2）项所述的两液相处于平衡状态下，求丙酮在三氯乙烷层（E 相）与水层（R 相）中的分配系数 K_A。

（5）求三氯乙烷对丙酮与水的选择性系数 β。

例 8-4 附表

三氯乙烷	水	丙 酮	三氯乙烷	水	丙 酮
99.98	0.11	0	38.31	6.84	54.85
94.73	0.26	5.01	31.67	9.78	58.55
90.11	0.36	9.53	24.04	15.37	60.59
79.58	0.76	19.66	15.39	26.28	58.33
70.36	1.43	28.21	9.63	35.38	54.99
64.17	1.87	33.96	4.35	48.47	47.18
60.06	2.11	37.83	2.18	55.97	41.85
54.88	2.98	42.14	1.02	71.80	27.18
48.78	4.01	47.21	0.44	99.56	0

解（1）依题附表中给出的溶解度数据绘出溶解度曲线如本题附图所示。含丙酮与水各50％的水溶液，其组成点 F 为 AB 边上的中点。连 FS 直线，在底边上由三氯乙烷组成为32％的点向上做铅直线，如图中虚线所示。虚线与 FS 相交于点 M 即为所求的三元混合液的组成点。再依杠杆规则求加入三氯乙烷的质量：

$$S = F \times \frac{\overline{MF}}{\overline{MS}} = 100 \times \frac{3.6}{7.56} = 47\text{kg}$$

从图上可读出此三元混合液 M 组成为丙酮 34%，水 34%、三氯乙烷 32%。

（2）依题给的水相（R 相）组成，可在溶解度曲线上找出点 R，连 RM 直线并延长与溶解度曲线的右侧相交于点 E。点 E 即为三氯乙烷层的组成点。从图上可读出其组成为丙酮 39%、三氯乙烷 58.6%、水 2.4%。

（3）在原混合液 F 中加入三氯乙烷，混合液的组成将沿 FS 线变化。点 H 为 FS 线与溶解度曲线交点。当加入的三氯乙烷的量使混合液组成点跨过

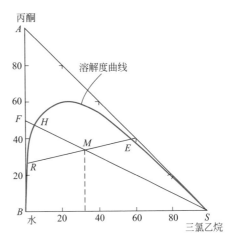

例 8-4 附图

了点 H 时，混合液即开始分层。点 H 中的三氯乙烷含量可依杠杆规则求出：

$$S = F\frac{\overline{HF}}{\overline{HS}} = 100 \times \frac{4.8}{107} = 4.5\text{kg}$$

即向原料液中加入的三氯乙烷的量超过 4.5kg 时，混合液即开始分层。

（4）求分配系数 K_A

$$K_A = \frac{w_{AE}}{w_{AR}} = \frac{39}{27.5} = 1.42$$

（5）求三氯乙烷萃取剂的选择性系数 β

$$\beta = K_A\frac{w_{BR}}{w_{BE}} = 1.42 \times \frac{71.5}{2.4} = 42.3$$

2. 原溶剂 B 与萃取剂 S 不互溶的物系

当在操作中萃取剂与稀释剂互不相溶或在操作范围内可认为是互不相溶时，问题便得到简化，可以在 X_W-Y_W 直角坐标上作出分配曲线并进行图算。

由于萃取剂 S 与稀释剂 B 互不相溶，故在接触、传质时及分层后，萃余相中 B 的量保持不变，同时萃取相中 S 的量也保持不变，故两相中 A 的浓度则可用质量比表示。于是溶质 A 在萃取前后的物料衡算式为

$$BX_{W,AF} = SY_{W,AE} + BX_{W,AR}$$

或 $$Y_{W,AE} = -(B/S)(X_{W,AR} - X_{W,AF})$$ (8-10)

式中 $X_{W,AF}$——原料液中 A 的浓度，kgA/kgF；

$X_{W,AR}$——萃余相中 A 的浓度，kgA/kg B；

$Y_{W,AE}$——萃取相中 A 的浓度，kgA/kg S。

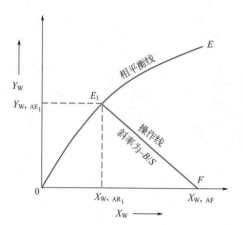

图 8-14 溶剂 B 与 S 互不相溶
时单级萃取的图解

式（8-10）在 X_W-Y_W 坐标系中代表一条直线，称为操作线。如图 8-14 所示，操作线通过 X_W 轴上的点 $F(X_{W,AF}, 0)$，斜率为 $-B/S$，故可由已知各项数值做出。图中还依数据做出了分配曲线。两线交点 $E_1(X_{W,AR_1}, Y_{W,AE_1})$，表明通过一个理论级后萃余相及萃取相中 A 的浓度分别为 X_{W,AR_1}，Y_{W,AE_1}。

一个实际萃取级的传质效果达不到一个理论级，可以用级效率来表达实际级与理论级的差别。级效率的定义与板效率类似，通常采用总级数效率。设计时如无生产数据可供参考，则需要靠中间实验来取得所需的级效率值。

二、多级萃取流程

1. 多级错流萃取

由单级接触式萃取器中所得到的萃余相中往往还含有较多的溶质，为了进一步萃取出其中的溶质，可用多级错流接触式萃取，即将若干个单级接触萃取器串联使用，并在每一级中加入新鲜萃取剂。图 8-15 所示为 n 级错流接触萃取流程示意。在操作时，原料 F 由第 1 级引入，每一级均加入新鲜萃取剂 S。由第一级所得的萃余相 R_1 引入第 2 个萃取器，在萃取器 2 中萃余相 R_1 与新鲜萃取剂 S 相接触再次进行萃取。由第 2 级萃取器所得的萃余相 R_2 可再引入第 3 级萃取器，

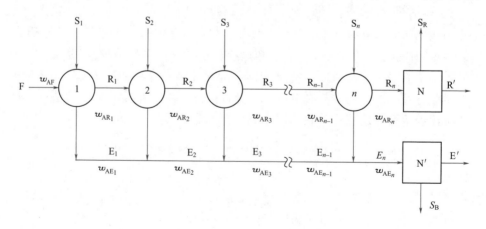

图 8-15 n 级错流接触式萃取流程示意图

继续与新鲜萃取剂相接触继续进行萃取，如此直到所需第 n 级萃取器，使最后一级引出的萃余相中所含溶质降低到预定生产要求。从图 8-15 可看出萃余相 R_1、$R_2 \cdots R_n$ 是逐次通过各级，直到第 n 级排出，必要时可将 R_n 送入溶剂回收设备 N 以回收溶剂。而由各级所得到的萃取相 E_1、$E_2 \cdots E_n$，则是分别排出的，萃取相中含有大量萃取剂，故可将各级所排出的萃取相 E 汇集在一起送入回收设备 N′ 以回收萃取剂。

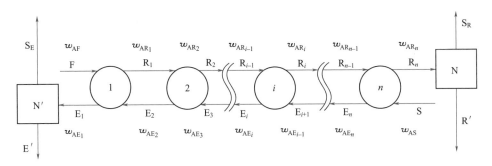

图 8-16　多级逆流接触式萃取流程示意图

在这种多级错流接触式萃取中，由于在各级均加入新鲜萃取剂，一方面有利于降低最后萃余相中溶质的浓度，而得到高的萃取效果；但另一方面萃取剂的需用量增多，使其回收和输送所消耗的能量大，故这一流程在工业上的应用受到限制。只有当物系的分配系数甚大，或萃取剂为水而无需回收等情况下较为适用。

2. 多级逆流萃取

多级逆流接触式萃取是指被萃取的原料液 F 和所用的萃取剂 S 以相反方向流过各级。如图 8-16 所示，原料液由第一级加入萃取器，逐次通过第 2、第 3……各级，最后萃余相 R_n 由末级 n 排出。萃取剂则开始先送入第 n 级，由该级所产生的萃取相 E_n 与原料液以相反的流向，流经第 $(n-1)$、…、第 3、第 2、第 1 各级，最后由第 1 级排出。在进入第 n 级的萃余相 R_{n-1} 中的溶质 A 的浓度虽已很低，但由于与新萃取剂接触，仍具有一定的推动力，故可继续进行萃取以使萃余相 R_{n-1} 中的溶质 A 的含量进一步降低。同时进入第 1 级的萃取相

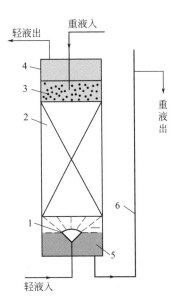

图 8-17　萃取填料塔

1—喷淋器；2—填料层；3—轻液滴并聚层；4—轻液层；5—重液层；6—重液溢流管

E_2，虽然其中所含溶质浓度已较高，但在第 1 级中与含溶质 A 最高的原料液 F 相接触，所以萃取相中溶质 A 的浓度在第 1 级中还可以进一步提高。这种多级逆流接触式的操作效果好，且所消耗的萃取剂量并不多，在工业上应用最为广泛。

3. 连续接触逆流萃取

连续接触式的逆流萃取过程通常在塔设备内进行，如图 8-17 所示的萃取填料塔。重液、轻液各从塔的顶、底进入，选择两液相之一作为分散相，以扩大两相间的接触面积。图 8-17 中轻液被塔底的喷淋器 1 分散成液滴，在填料层 2 中曲折上升，撞击填料时液滴将变形以致破碎，从而增大两相间的传质系数和相界面积。液滴浮出填料层后，在液层 3 中逐渐合并、集聚，并在塔顶形成轻液层 4 流出塔外。重液则为连续相，由上而下通过填料层，与轻液液滴接触、传质，到塔底成为澄清的重液层 5，经溢流管 6 排出。

第三节　液-液萃取设备

为了实现萃取过程中液-液两相之间的质量传递，萃取设备应能使萃取剂与混合液充分地接触并伴有较高程度的湍动，从而获得较高的传质速率；此外在液-液两相充分混合后，尚需使萃取相和萃余相再达到较完善的分离。所以萃取设备应具有充分混合与完全分离的能力。目前萃取设备的种类很多，下面仅介绍几种常用的萃取设备。

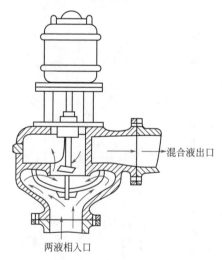

图 8-18　机械搅拌混合器

一、混合-澄清萃取设备

单级接触萃取设备或多级接触萃取设备中，每一个萃取级均包括混合器（槽）和澄清器（槽）两部分，故一般称为混合-澄清萃取器（槽）。操作时，萃取剂与被处理的原料液先在混合器中经过充分混合后，再进入澄清器中澄清分层，密度小的轻液相在上层，密度较大的重液相在下层。为了加大相际接触面积及强化传质过程，有时在混合器中装设搅拌器。图 8-18 所示的为机械搅拌混合器。两液相同时由下部进入，在器内有搅拌装置使两液相获得充分混合，然后由侧面流出而进入澄清槽，进行两液相的分离。

典型的单级混合澄清槽如图 8-19 所示。混合槽中有机械搅拌，可以提供充分的传质条件，即使一相形成小液滴分散于另一相之中，以增大相际接触面积。但液滴不宜分散得过细，否则澄清分层产生困难，或使澄清槽体积增大。

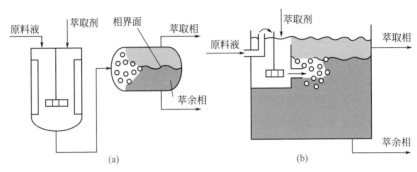

图 8-19　典型单级混合澄清槽

根据生产需要可以将多个混合-澄清槽串联起来组成多级错流或逆流的流程，图 8-20 所示为水平排列的三级逆流混合澄清萃取装置示意图。

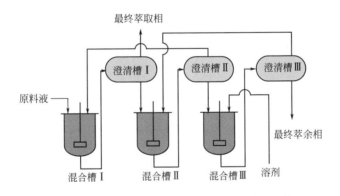

图 8-20　小平排列的三级逆流混合澄清萃取设备

混合沉降槽的优点是：①能为两液相提供良好的接触条件，级效率可高于80％；②操作可靠，易于开工、停工；③易实现多级连续操作，便于调整级数；④两液相的流量可在较大范围内变化，流量比大到 1/10，仍能正常操作。其缺点是：①所需搅拌功率大，故动力消耗多；②占地面积大；③设备内存液量，使溶剂及有关的投资大，每级内部有搅拌装置，液体在级间流动需泵输送。混合沉降器适用于大、中、小型生产。

二、塔式萃取设备

1. 喷洒塔

这是一种结构最简单的塔型，图 8-21 为其中效果较好的一种。图中以重液 1 为连续相，分为两路由塔顶进入，由塔底流出；轻液 2 通过塔底的喷洒器分散为液滴后，在连续相内浮升，到达塔顶并聚成轻液层后流出。塔顶、塔底的扩大部分的设置，是为了使轻、重液相能有较长的澄清时间，以进行较完全的分离。若改用轻液为连续相，则应将图 8-21 中的塔倒置，重相通过置于塔顶的喷洒器分散成液滴，在作为连续相的轻液内沉降到塔底，合并成重液层后流出。

喷洒塔的优点是：结构简单、投资少、易于维护。其缺点是：两相的接触面积和传质系数不大，轴向返混颇为严重，故传质效率低。

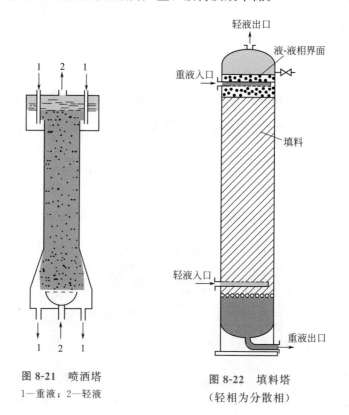

图 8-21 喷洒塔
1—重液；2—轻液

图 8-22 填料塔
（轻相为分散相）

2. 填料萃取塔

填料萃取塔与用于蒸馏和吸收的填料塔类似，但是为了使萃取过程中某一液相能更好地分散于另一液相之中，在入口装置上使两液相入口导管均伸入塔内，并在管上开有小孔，以使液体分散成小液滴。图 8-22 所示为轻液相分散于重液相之中的情况，这时轻液相称为分散相，重液相称为连续相。为使液滴可以顺利地直接进入填料层，而将轻液相入口处的喷洒装置装在填料支承的上部，一般距支承板 25～50mm。

塔内填料的作用除使分散相的液滴不断破裂与再生，以使液滴的表面不断更新外，还可以减少连续相的纵向返混。

填料萃取塔内所用填料的材质应有所选择，除应考虑溶剂对其腐蚀性外，还应考虑填料的材质是否易为连续相所润湿。如果所确定的分散相很易于润湿填料，则分散相将在填料表面上形成小的流股，从而减少了相际接触面积降低了萃取效率。一般说来瓷质填料易被水溶液所润湿，炭质或塑料填料易为有机溶液所润湿，如聚乙烯、聚丙烯、含氟塑料等均是不亲水的；金属填料对水溶液与有机溶液的润湿性能无显著差异，一般均可为二者润湿。

作为分散相的条件应是：①流量较大的一相作为分散相，这可以获得较大的相际接触表面；②不易润湿填料表面的液相作为分散相，这可以保持分散相更好地形成液滴状而分散于连续相之中，以增大相际接触面积。

3. 筛板萃取塔

筛板萃取塔对液体处理能力和萃取效率均较好，其结构如图 8-23 所示，塔内有若干层开有小孔的筛板。若轻相为分散相，操作时，轻相通过板上筛孔分成细滴向上流，然后又聚结于上一层筛板的下面。连续相由溢流管流至下层，横向流过筛板并与分散相接触。若以重相为分散相，则重液相的液滴聚结于筛板上面，然后穿过板上小孔分散成液滴。当以重液相为分散相时，则应将溢流管的位置改装于筛板的上方，如图 8-24 所示。由于塔内安装了多层筛板，使分散相多次地分散，并多次地聚结，从而有利于液-液相间的传质。但由于有塔板的限制，也减轻了塔内轴向混合的影响。

在筛板塔内一般也应选取不易润湿塔板的一相作为分散相。筛板上筛孔直径一般为 3～9mm。孔间距可取孔径的 3～4 倍，筛板的总截面积可在相当宽的幅度内变化，无降液管的筛板塔开孔总截面积要更大些。工业中所用的筛板塔，其板间距为 150～600mm。

4. 脉动筛板塔

脉动筛板塔系指由于外力作用使液体在塔内产生脉冲运动的塔，这种塔也可称之为液体脉动筛板塔。其结构与无溢流筛板塔相似，轻、重液相皆穿过塔内筛板呈逆流接触，分散相在筛板之间不凝聚分层。周期性地脉动在塔底由往复泵造成，如图 8-25 所示。筛板塔内加入脉动，可以增加相际接触面积及其湍动程度，故传质效率大为提高。脉动筛板的效率与脉动的振幅和频率有密切关系，若脉动过分激烈，会导致严重的轴向混合，传质效率反而降低。在液体脉动筛板塔中，

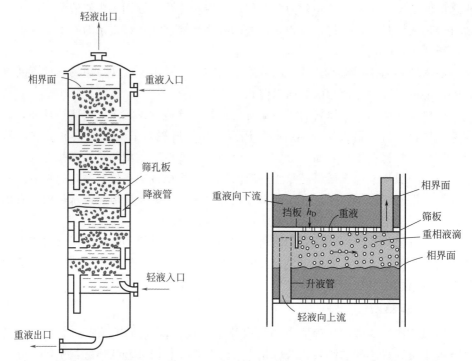

图 8-23　筛板萃取塔（轻相为分散相）　　图 8-24　筛板结构示意图（重相为分散相）

脉动振幅的范围为 9～50mm，脉动频率的范围为 30～200min^{-1}。脉动筛板塔的传质效率很高，能提供较多的理论板数，但其允许通过能力较小，在化工生产上的应用受到一定限制。

5. 往复筛板塔

往复筛板塔的基本结构特点是塔内无溢流管的筛板不与塔体相连，而固定于一根中心轴上。中心轴由塔外的曲柄连杆机构驱动，往复振幅一般为 3～50mm，频率可达 100min^{-1}，如图 8-26 所示。往复筛板孔径一般为 7～16mm。当筛板向上运动时，筛板上侧的液体经筛孔向下喷射；当筛板向下运动时，筛板下侧的液体经筛孔向上喷射。往复筛板塔可大幅度增加相际接触表面和湍动程度，但其作用原理与脉动筛板塔不同。脉动筛板塔是利用轻、重液体的惯性差异，而往复筛板基本上起机械搅拌作用。为防止液体沿筛板与塔壁间的缝隙短路流过，可每隔几块筛板放置一块环形挡板。

往复筛板塔操作方便，结构可靠，传质效率高，是一种性能较好的萃取设备，在石油化工、食品、制药工业中应用日益广泛。

6. 转盘萃取塔

转盘塔的主要结构特点是在塔内壁按一定距离设置许多固定环，而在旋转的

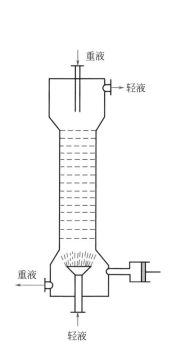

图 8-25 脉动筛板塔

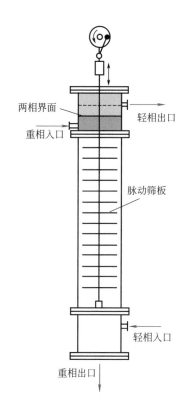

图 8-26 往复筛板塔

固定轴上按同样的间距安装许多圆形转盘，如图 8-27 所示。固定环将塔内分隔成许多区间，在每一个区间有一个转盘对液体进行搅拌，从而增大了相际接触表面及其湍动程度。固定盘起到抑制塔内轴向混合的作用。为了便于安装制造，转盘的直径要小于固定环的内径。圆形转盘是水平安装的，两相在垂直方向上的流动仍靠两相的密度差推动。

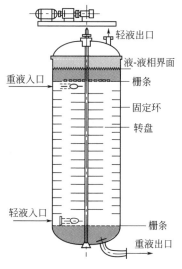

转盘塔采用平盘作为搅拌器，其目的是避免使分散相液滴尺寸过小，而限制塔的通过能力。

转盘塔操作方便，传质效率高，结构也不复杂，特别是能够放大到很大的规模，因而在化工生产中的应用极为广泛。

为进一步提高转盘塔的效率，近年来又开发了不对称转盘塔（又称偏心转盘塔），其基

图 8-27 转盘萃取塔

本结构如图 8-28 所示。带有搅拌叶片（又称转盘）的转轴安装在塔体的偏心位置，塔内不对称地设置垂直挡板，将其分成混合区 3 和澄清区 4。混合区由横向和水平挡板分割成许多小室，每个小室内的转盘起混合搅拌器的作用。澄清区又由环形水平挡板分割成许多小室。

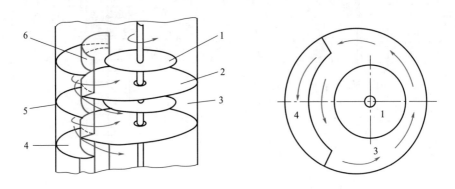

图 8-28　偏心转盘塔内部结构
1—转盘；2—横向水平挡板；3—混合区；4—澄清区；5—环形分割板；6—垂直挡板

偏心转盘萃取塔既保持原有转盘萃取塔良好的分散作用，同时分开的澄清区又可以使分散相液滴反复进行凝聚及再分散，减小了轴向混合，提高了萃取效率。此外这种类型萃取塔的尺寸范围很宽，塔高可达 30m，塔径可达 4m，对物系的性质（密度差、黏度、界面张力等）适应性很强，并适用于含悬浮固体或乳化的物料。

三、萃取设备的选择

各种不同类型的萃取设备具有不同的特性，萃取过程中物系性质对操作的影响错综复杂，对于具体的萃取过程，选择适宜设备原则是：首先满足工艺条件和要求，然后进行经济核算，使设备费和操作费趋于最低。萃取设备的选择，应考虑如下一些因素。

1. 系统特性

对于界面张力较小、密度差较大的物系，可选用无外加能量的设备。相反，若界面张力较大、密度差较小的物系，宜选用有外加能量的设备。对密度差甚小、界面张力大、易乳化的难分层的物系，应选用离心萃取机。对有较强腐蚀性的物系，选用结构简单的填料塔和脉动填料塔。对于放射性元素的提取，脉动塔和混合-澄清槽皆可选用。若物系中有固体悬浮物或在操作中产生沉淀物时，需要周期停工清洗，一般可选用转盘萃取塔或混合-澄清槽。另外，往复筛板塔和液体脉动筛板塔具有一定的自清洗能力，在某些场合也可考虑选用。

2. 理论级数

当所需的理论级数不大于 $2\sim3$ 级时，各种萃取设备均可满足要求；当所需的理论级数大于 $4\sim5$ 级时，可选用筛板塔；当所需的理论级数再多（如 $10\sim20$ 级）时，可选用有外加能量的设备，如脉动塔、转盘塔、往复筛板塔、混合-澄清槽等。

3. 生产能力

当处理量较小时，可选用填料塔、脉动填料塔。对于较大的生产能力可选用筛板塔、转盘塔及混合-澄清槽。

4. 物系的稳定性和在设备内的停留时间

对生产中需要考虑物料的稳定性，要求在萃取设备内停留时间短的物系，如抗生素的生产，选用离心萃取机为宜；反之，若物系中伴有缓慢的化学反应，要求有足够的反应时间，选用混合-澄清槽为宜。

5. 其他

在选用萃取设备时，还需要考虑其他一些因素，诸如：当厂房、地面受到限制时，宜选用塔式设备；当厂房高度受到限制时，则应选用混合-澄清槽；在能源紧张地区，必须优先考虑节电问题，故应尽可能采用重力流动设备。

阅读材料

屠呦呦：撷本草精华　萃济世青蒿

1971 年 10 月 4 日，在中国中医科学院中药研究所的一间实验室里，屠呦呦课题组正在忙碌地进行着第 191 号青蒿乙醚中性提取物样本的抗疟实验。一双双眼睛都在紧张地盯着检测结果，当观察到这种提取物对小鼠疟原虫的抑制率达到 100% 时，整个实验室都沸腾了！实验的突破给大家带来了希望，人类在征服疟疾的进程中迈出了重要一步。屠呦呦创建的低温提取方法成为发现青蒿素的关键，而在随后的半个世纪里，屠呦呦一心专注于青蒿素研究，默默地护佑着人类的生命健康。

1969 年 1 月，屠呦呦被安排以课题组组长的身份，参与抗疟中药研究。寻找新型抗疟药物是一个世界难题。中草药有几千种之多，再加上不同的产地、品种、配伍、炮制方式，倘若通过漫无目的地随机筛选来寻找抗疟药物，无异于大海捞针。屠呦呦想到，既然疟疾古来有之，历代医书必然有所记录。于是，屠呦呦首先从本草、民间方药研究入手，在查阅了上百本中草药古籍后，她从 2000 多个方药中选择了 640 个可能治疗疟疾的方药，于 1969 年 4 月整理编写成《疟疾单秘验方集》。

到 1971 年 9 月初，课题组已经制备了 100 余种中药的水提物和乙醇提取物样本 200 余个，抗疟原虫实验结果却令人沮丧。研究陷入了僵局，屠呦呦也有些怀疑自己的路子是不是走错了，但她不想就此放弃。她想：医书中会不会有什么被忽略的重要细节？

"重新埋下头去，看医书！"这天，屠呦呦正在阅读东晋葛洪的《肘后备急方》，"青蒿一握，以水二升渍，绞取汁，尽服之"。她突然眼前一亮，联想到既往采用的提取方法，无论是水煎煮还是乙醇提取，其共同点都是温度比较高，而"绞取汁"应该是在常温下进行的，难道温度是影响青蒿抗疟疗效的一个关键？

屠呦呦重新设计了低温提取方案，对既往筛选过的重点药物及几十种新增药物，夜以继日地进行各种实验。经过数百次的试错，1971 年 10 月 4 日，屠呦呦得到了一份黑色的膏状提取物——191 号青蒿乙醚中性提取物。在接下来的疗效实验中，奇迹出现了——191 号提取物使疟原虫全部消失！青蒿抗疟有效成分就蕴藏在这黑色的膏状提取物中！屠呦呦和同事们充满了欣慰，"灵感，是由于顽强的劳动而获得的奖赏"。

发现青蒿素之后，屠呦呦一直致力于其结构和机制的基础研究，并开发了青蒿素衍生物——双氢青蒿素。其因作用迅速、效力高、毒性低、半衰期短的特性，成为理想的抗疟药物。据不完全统计，青蒿素类药物在全世界每年治疗 2 亿多人，现已挽救了数百万人的生命。如今，以青蒿素类药物为基础的联合疗法，仍然是世界卫生组织推荐的抗疟最佳疗法。青蒿素成为传统中医药送给世界人民的礼物。

摘自《医学科学报》（2022-08-19 第 7 版人物）

思考题

8-1 液-液萃取操作在何种场合下应用较为合适？试与蒸馏方法进行比较。

8-2 何谓选择性系数？试由 β 值的大小分析它的含义。

8-3 用三角形相图表示单级萃取过程。

8-4 本章介绍了哪几种液-液萃取流程？试比较之。

 **习 题**

8-1 在 25℃时，乙酸（A）-水（B）-3-庚醇（S）的平衡数据及联结线数据分别列于下表。

25℃乙酸(A)-水(B)-3-庚醇(S) 的相平衡数据 （均为质量分数）

乙酸(A)	水(B)	3-庚醇(S)	乙酸(A)	水(B)	3-庚醇(S)
0	3.6	96.4	30.7	10.7	58.6
3.5	3.5	93.0	34.7	13.1	52.2
8.6	4.2	87.2	41.4	19.3	39.3
19.3	6.4	74.3	44.0	23.9	32.1
24.4	7.9	67.7	45.8	27.5	26.7
46.5	29.4	24.1	29.3	69.6	1.1
47.5	32.1	20.4	24.5	74.6	0.9
48.5	38.7	12.8	19.6	79.7	0.6
47.5	45.0	7.5	14.9	84.5	0.6
42.7	53.6	3.7	7.1	92.4	0.5
36.7	61.4	1.9	5.4	94.2	0.4

25℃时，乙酸-水-3-庚醇的联结线数据 （均为质量分数）
即乙酸在两液层中的质量分数

水层中的乙酸	3-庚醇中乙酸	水层中的乙酸	3-庚醇中乙酸
6.4	5.3	38.2	26.8
13.7	10.6	42.1	30.5
19.8	14.8	44.1	32.6
26.7	19.2	48.1	37.9
33.6	23.7	47.6	44.9

试在直角三角形坐标图上，标绘溶解度曲线、联结线以及辅助曲线。

8-2 含 50kg 乙酸（A）、100kg 水 （B）及 50kg 3-庚醇（S）的混合液，当其分成两个互成平衡的液层后，试求：两液层的组成以及需从混合液中移除若干千克 3-庚醇才能使混合液不再分层。操作条件下溶解度曲线与联结线数据见题 8-1。

8-3 A、B、S 三元物系的相平衡关系如附图所示，现将 50kg 的 S 与 50kg 的 B 相混合，试求：(1) 该混合物是否分成两相？两相的组成及数量各为多少？(2) 在混合物中至少加入多少 A，才能使混合物变为均相？(3) 从此均相混合物中除去 30kgS，剩余液体的数量与组成各为多少？

8-4 在单级接触式萃取器中，以三氯乙烷为

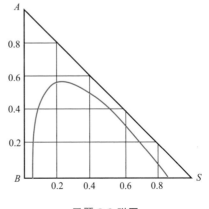

习题 8-3 附图

萃取剂。从含 40％丙酮的水溶液中萃取丙酮。已知处理 500kg 丙酮的水溶液中萃取剂用量为 1000kg，25℃时丙酮(A)-水(B)-三氯乙烷（S）系统的液-液相平衡数据列于附表（均为质量分数）。

试求：

(1) 萃取相及萃余相的量及组成；

(2) 脱除溶剂后萃取液的量及组成；

(3) 两平衡液层的分配系数。

习题 8-4 附表

水 相			三氯乙烷相		
三氯乙烷	水	丙 酮	三氯乙烷	水	丙 酮
0.52	93.52	5.96	90.93	0.32	8.75
0.60	89.40	10.00	84.40	0.60	15.00
0.68	85.35	13.97	78.32	0.90	20.78
0.79	80.16	19.05	71.01	1.33	27.66
1.04	71.33	27.63	58.21	2.40	39.39
1.60	62.67	35.73	47.53	4.26	48.21
3.75	50.20	46.05	33.70	8.90	57.40

第九章

干燥

干燥是利用热能除去固体物料中**湿分**（水分或其他液体）的单元操作。为了满足贮存、运输、加工和使用等方面的不同需要，对化工生产中涉及的固体物料，一般对其湿分含量都有一定的标准。例如，一级尿素成品含水量不能超过0.5%，聚乙烯含水量不能超过 0.3%（以上均为质量分数）。工业上去湿的方法很多，其中通过加热汽化去除湿分的方法称为干燥。

干燥操作可按不同方法分类：按操作压强的不同分为常压干燥和真空干燥，后者适用于处理热敏性、易氧化或要求产品含湿量很低的物料；按热能传给湿物料的方式分为传导干燥、对流干燥、辐射干燥和介电加热干燥以及由其中两种或多种方式组成的联合干燥；按操作方式可分为连续干燥和间歇干燥。连续干燥具有生产能力大、产品质量均匀、热效率高及劳动条件好等优点。间歇干燥适用于处理小批量、多品种或要求干燥时间较长的物料。

在化工生产中以连续操作的**对流干燥**应用最为普遍。干燥介质可以是不饱和热空气，惰性气体及烟道气，需要除去的湿分为水分或其他化学试剂。本章主要讨论以不饱和热空气为干燥介质，湿分为水的干燥过程。其他系统的干燥原理与空气-水系统完全相同。

对流干燥过程中，热能是以对流方式由干燥介质（如热空气）传给与其直接接触的湿物料，故又可称为**直接加热干燥**。图 9-1 所示为对流干燥流程示意图，空气经预热器加热到一定温度后，进入干燥器，当温度较高的空气与湿物料直接接触时，热能就以对流方式由热空气传给湿物料表面，同时物料表面上的湿分升温汽化，并通过表面处的气膜向空气中扩散。而空气温度则沿其行程下降，但所含湿分增加，最后由干燥器另一端排出。在间歇操作过程中，湿物料成批放入干

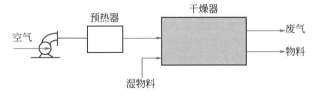

图 9-1 对流干燥流程示意图

燥器内，待干燥到指定的含湿要求后一次取出。若为连续操作过程，物料被连续地加入与排出。物料与气流的接触可以是并流、逆流或其他形式。由上可知，在对流干燥过程中，**干燥介质既是载热体又是载湿体**。

在上述的对流干燥过程中，干燥介质将热能传到湿物料表面，再由表面传到物料的内部，这是一个传热过程；而物料表面上的湿分由于受热汽化，使物料内部和表面之间产生湿分差，因此，物料内部的湿分以液态或气态的形式向表面扩散，然后汽化的湿分再通过物料表面处的气膜而扩散到气流主体，这是一个传质过程。可见干燥是热、质同时传递的过程，两者之间有相互联系，干燥过程的速率同时由传热速率和传质速率决定。

综上所述，可用图 9-2 来描述对流干燥过程的传热和传质情况。图中：t 为空气的主体温度，t_W 为湿物料表面的温度，p 为空气中水汽的分压，p_W 为湿物料表面的水汽分压，Q 为单位时间内空气传给湿物料的热量，N 为单位时间内从湿物料表面汽化出的水气量，δ 为湿物料表面膜层厚度。

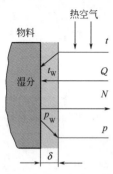

图 9-2 热空气与湿物料间的传热和传质

干燥操作的必要条件是物料表面的水汽（或其他蒸气）压强 p_W 必须大于干燥介质中水汽的分压 p，两者差别越大，干燥操作进行得越快。所以干燥介质应及时将汽化的水汽带走，以维持一定的传质推动力。若干燥介质为水汽所饱和，则推动力为零，这时干燥操作即停止进行。

干燥操作不仅用于化工、石油化工等工业中，还应用于医药、食品、原子能、纺织、建材、采矿、电工、航天与机械制品以及农产品等行业中，在国民经济中占有重要的地位。

第一节　湿空气的性质和湿度图

一、湿空气的性质

我们周围的大气是干空气和水汽的混合物，称为**湿空气**，一般简称为空气。在对流干燥操作中，通常是将空气预热后作为干燥介质。因此在讨论干燥过程之前，先需了解湿空气的各种物理性质及它们之间的相互关系。

作为干燥介质的热空气应是未被水饱和的空气，即此空气中水汽的分压要低于同温度下水的饱和蒸气压，且此时湿空气中的水汽呈过热状态。由于干燥过程的操作压强较低，对于这种状态下的湿空气，通常可视为理想气体，即理想气体的一切定律对于干燥操作中的热空气均可适用。

在干燥过程中，热空气中的水汽量是不断变化的，而其中干空气在过程中仅作为湿和热的载体，它的质量是不变的，因此为了计算方便起见，湿空气的各项参数都是以单位质量的干空气为基准。由于空气总是湿的，所以干空气通常是不存在的，这里只是为了便于计算才引用它。

1. 湿度 H

湿度表明空气中水汽的含量，又称为湿含量或绝对湿度，含义为湿空气中单位质量干气所带有的水蒸气的质量，或湿空气中所含水蒸气的质量与干气质量的比值，即

$$H = \frac{\text{湿空气中水蒸气的质量}}{\text{湿空气中干气的质量}} = \frac{M_v n_v}{M_a n_a} = \frac{18 n_v}{29 n_a} \qquad (9\text{-}1)$$

式中　H——空气的湿度，kg 水/kg 干气；

　　　M_a——干气的摩尔质量，kg/kmol；

　　　M_v——水蒸气的摩尔质量，kg/kmol；

　　　n_a——干气的物质的量，kmol；

　　　n_v——水蒸气的物质的量，kmol。

由分压定律可知，理想气体混合物中各组分的摩尔比等于分压比，则式(9-1)可表示为：

$$H = \frac{18 p_v}{29(p - p_v)} = 0.622 \frac{p_v}{p - p_v} \qquad (9\text{-}2)$$

式中　p_v——水蒸气的分压，Pa；

　　　p——湿空气的总压，Pa。

由式(9-2)可知，湿空气的湿度与湿空气的总压及其中水蒸气的分压有关。而当总压一定时，则湿度仅由水蒸气分压所决定。

若湿空气中水蒸气分压 p_v 等于该空气温度下水的饱和蒸气压 p_s，即表示湿空气呈饱和状态，则相应的湿度称为湿空气的饱和湿度 H_s，即

$$H_s = 0.622 \frac{p_s}{p - p_v} \qquad (9\text{-}3)$$

由于水的饱和蒸气压仅与温度有关，因此湿空气的饱和湿度是湿空气的总压及温度的函数。

2. 绝对湿度百分数 ψ

在一定总压及温度下，湿空气的绝对湿度与饱和湿度之比的百分数称为绝对湿度百分数。由式(9-2) 和式(9-3) 可得

$$\psi=\frac{H}{H_s}\times100\%=\frac{p_v(p-p_s)}{p_s(p-p_v)}\times100\% \tag{9-4}$$

3. 相对湿度百分数 φ

在一定的总压下，湿空气中水蒸气分压 p_v 与同温度下水的饱和蒸气压 p_s 之比的百分数，称为相对湿度百分数，简称相对湿度，即

$$\varphi=\frac{p_v}{p_s}\times100\% \tag{9-5}$$

在一定的温度下，空气相对湿度百分数是随其中水蒸气分压大小而变。$\varphi=100\%$ 的湿空气表示其中水蒸气分压等于同温度下水的饱和蒸气压，即此时湿空气中的水蒸气已达到饱和；若 φ 值为零则表示此空气中水蒸气分压为零，即为干气。一般湿空气中的水蒸气均未达到饱和，且只有不饱和的湿空气才能作为干燥介质，其不饱和度即用相对湿度来表示，φ 值愈低，表示该湿空气偏离饱和程度愈远，其干燥能力也愈强，所以相对湿度值可以反映出湿空气吸收水蒸气的能力。

若将式(9-5) 代入式(9-2)，可得

$$H=0.622\frac{\varphi p_s}{p-\varphi p_s} \tag{9-6}$$

由上式可知，在一定总压下，只要知道湿空气的温度和湿度，就可以依温度查出水的饱和蒸气压，代入式(9-6) 而求得相对湿度百分数。

4. 比体积 ν_H

单位质量的绝干空气，所具有的空气和其所带有的 H kg 水汽所共同占有的总容积，称为湿空气的比体积，又称为比体积，即

$$\nu_H=\frac{m^3 湿空气}{kg 干气}$$

1kg 干气为基准的比体积可由下式计算，即

$$\nu_H=\left(\frac{1}{29}+\frac{H}{18}\right)\times22.4\times\frac{t+273}{273}\times\frac{1.013\times10^5}{p}$$

$$=(0.772+1.244H)\frac{t+273}{273}\times\frac{1.013\times10^5}{p} \tag{9-7}$$

式中　ν_H——湿空气的比体积，m^3/kg 干气；

　　　H——湿空气的湿度，kg 水/kg 干气；

　　　t——温度，℃；

p——总压强，Pa。

由上式可知，湿空气的比体积系随其湿度和温度的增加而增大，随总压强的增加而减小。

5. 比热容 c_H

在常压下，将 1kg 干气和其所带有的 H kg 水蒸气的温度升高 1℃ 所需的总热量，称为湿空气的比热容，又称为湿热容或湿热，即

$$c_H = c_a + Hc_v = 1.01 + 1.88H \qquad (9\text{-}8)$$

式中　c_H——湿空气的比热容，kJ/(kg 干气·K)；

　　　c_a——干气的比热容，其值约为 1.01kJ/(kg 干气·K)；

　　　c_v——水蒸气的比热容，其值约为 1.88kJ/(kg 水汽·K)。

6. 焓 I_H

湿空气的焓为以单位质量干气为基准，每千克的干气及其所带有的 H kg 水蒸气所具有的焓，即

$$I_H = I_a + HI_v \qquad (9\text{-}9)$$

式中　I_H——湿空气的焓，kJ/kg 干气；

　　　I_a——干气的焓，kJ/kg 干气；

　　　I_v——水蒸气的焓，kJ/kg 水蒸气。

若焓的基准状态取 0℃ 的干气及液态水的焓为零，则干气的焓就是其显热，而水蒸气的焓则应包括水在 0℃ 时的汽化潜热及水蒸气在 0℃ 以上的显热。所以对于温度为 t、湿度为 H 的湿空气，其焓可依上述定义而由下式计算，即

$$I_H = c_a t + H(r_0 + c_v t) = c_H t + Hr_0 = (1.01 + 1.88H)t + 2490H \qquad (9\text{-}10)$$

式中　r_0——0℃ 时水的汽化潜热，其值约为 2490kJ/kg。

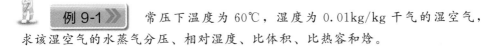

例 9-1 ▶▶　常压下温度为 60℃，湿度为 0.01kg/kg 干气的湿空气，求该湿空气的水蒸气分压、相对湿度、比体积、比热容和焓。

解　从上册附录查出 60℃ 纯水的饱和蒸气压 $p_s = 19.923$kPa

（1）水蒸气分压 p_v　用式(9-3)计算

$$H = \frac{0.622p_v}{p - p_v}$$

或

$$0.01 = \frac{0.622p_v}{101325 - p_v}$$

$$p_v = 1603\text{Pa}$$

（2）相对湿度 φ　用式(9-6)计算

$$H = 0.622\frac{\varphi p_s}{p - \varphi p_s}$$

或

$$0.01 = \frac{0.622 \times 19923\varphi}{101325 - 19923\varphi}$$

$$\varphi = 0.0805 = 8.05\%$$

（3）比体积 ν_H　用式(9-7)计算

$$\nu_H = (0.772 + 1.244H) \times \left(\frac{60 + 273}{273} \times \frac{1.013 \times 10^5}{1.013 \times 10^5}\right) = 0.957\text{m}^3\text{湿空气/kg 干气}$$

（4）比热容 c_H　用式(9-8)计算

$$c_H = 1.01 + 1.88H = 1.01 + 1.88 \times 0.01 = 1.029\text{kJ/(kg 干气·℃)}$$

（5）焓 I　用式(9-10)计算

$$I = (1.01 + 1.88H)t + 2490H$$
$$= (1.01 + 1.88 \times 0.01) \times 60 + 2490 \times 0.01$$
$$= 86.63\text{kJ/kg 干气}$$

7. 干球温度 t

用普通温度计测得的湿空气温度为其真实温度，称此温度为湿空气的干球温度，简称温度。

8. 湿球温度 t_w

见图 9-3，图右侧的温度计感温泡用保持润湿的纱布包裹起来，这种温度计称湿球温度计。若将此温度计置于一定的温度和湿度的湿空气气流中，达到平衡或稳定时它所显示的温度称为该空气的湿球温度。

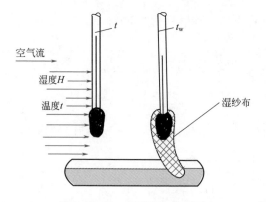

图 9-3　干、湿球温度的测量　　　　M9-1　干、湿球温度

从下面湿球温度的测量方法可进一步认识湿球温度的物理含义及湿球温度名

称的由来。将上述的温度计置于温度为 t、湿度为 H 的不饱和湿空气的气流中，假设测量刚开始时湿纱布中水分的温度与空气的温度相同，但由于湿空气是不饱和的，必然会发生湿纱布中的水分向湿空气气流中汽化和扩散的现象。又因湿空气和水分间的温度没有差别，所以水分汽化所需的热量只能来自水分本身，从而使水的温度下降。当水分的温度低于湿空气的干球温度时，热量则由湿空气传递给湿纱布中的水分，其传热速率随两者温度差的增加而提高，直到由湿空气至纱布的传热速率恰等于自纱布表面汽化水分所需的传热速率时，湿纱布中水温就保持恒定，此恒定的水温即为湿球温度计所指示的温度 t_w。但由于这个温度为湿空气的温度 t 及湿度 H 所决定，故将此温度称为湿空气在温度为 t、湿度为 H 时的湿球温度。因为湿空气的流量很大，自湿纱布表面向空气汽化的水分量对湿空气的影响可以不计，故认为湿空气的 t 和 H 均不发生变化。

上面为了便于说明湿球温度的测量原理，曾假设开始测量湿球温度时湿空气的温度和水分的温度相同。实际上，不论水温如何，最终必能达到上述的动态平衡。

湿球温度为湿空气的干球温度和湿度的函数，而当 t 和 H 一定时，t_w 必为定值。因此湿球温度是表明空气状态的一个参数，其由空气的干球温度 t 和湿度 H 所决定，而它不是空气的实际温度。

在实际的干燥操作中，常用干、湿球温度计来测量空气的湿度。

9. 绝热饱和温度 t_{as}

绝热饱和温度是空气达到绝热饱和时所显示的温度。若将一定量的湿空气与大量的水在绝热情况下有足够长的接触时间，这与前述湿球温度测量时的湿空气量大而水量很少的情况相反。所以湿空气的性质将发生变化，其温度将因热量的散失而下降；其湿度将因水的汽化而增加直到饱和，此时气液达到平衡，且两者温度相等，此温度即为初始湿空气的绝热饱和温度。

如图 9-4 所示的绝热饱和器中，当湿度为 H、温度为 t 的不饱和空气与大量的循环水密切接触时，水分即不断地向空气中汽化，汽化所需的潜热只能来自空气，因此空气的温度随过程的进行逐渐下降，湿度则升高。上述过程称为绝热增湿过程。当过程进行到该湿空气为水所饱和，即达到稳定状态，湿空气的温度不再下降，而等于循环水的温度，此稳定状态的温度即为上述的初始状态湿空气的绝热饱和温度。

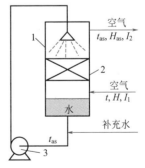

图 9-4 绝热饱和器示意图
1—绝热饱和塔；2—填料层；3—循环泵

在上述绝热增湿过程中，虽然湿空气将其显热传给水分，但是水分汽化后又将等量的汽化潜热带回到空气中，因此湿空气的温度和湿度均随过程的进行而变化，而焓却是不变的。所以绝热增湿过程是一等焓过程。

绝热饱和温度 t_{as} 是空气初始状态下温度和湿度的函数，而当 t、H 一定时，t_{as} 必为定值。它是湿空气在等焓情况下，绝热冷却增湿达到饱和时的温度。因此绝热饱和温度是表示湿空气性质的参数之一。

又实验结果表明，对于空气-水蒸气系统，当空气流速较高时

$$t_{as} \approx t_w \tag{9-11}$$

对于水蒸气-空气以外的系统，t_{as} 与 t_w 就不相等了。

从以上讨论可知，湿空气的湿球温度和绝热饱和温度都是湿空气的初始状态下的温度 t 和湿度 H 的函数，但两者的物理意义是截然不同的。可是对于空气-水蒸气系统，可以认为 t_w 和 t_{as} 在数值上相等，这将给干燥过程的计算带来了方便。

10. 露点 t_d

将不饱和的湿空气等湿冷却至饱和状态，此时的温度称为该湿空气初始状态的露点。相应的湿度为饱和湿度 $H_{s,td}$，其数值等于此湿空气的湿度 H。

若湿空气的温度下降到露点，则将析出露水，当空气从露点继续冷却时，则湿空气中的部分水蒸气呈露珠凝结出来。

由式(9-3) 可得

$$H_{s,td} = 0.622 \frac{p_{s,td}}{p - p_{s,td}} \tag{9-12}$$

式中　$H_{s,td}$——露点下湿空气的饱和湿度，kg 水/kg 干气；

　　　$p_{s,td}$——露点下的饱和蒸气压，Pa。

整理式(9-12) 得

$$p_{s,td} = \frac{H_{s,td} p}{0.622 + H_{s,td}} \tag{9-13}$$

由于露点是将湿空气等湿冷却达到饱和时的温度，因此，只要知道空气的总压和湿度即可由式(9-13) 求得 t_d 下的饱和蒸气压 $p_{s,td}$，而后再由水蒸气表查出对应的温度，即为该湿空气的露点。

若已知空气的总压和露点，亦可由式(9-12) 求得湿空气的湿度。

上述表示湿空气的三个温度即干球温度 t、湿球温度 t_w（或绝热饱和温度 t_{as}）和露点 t_d 间关系为：

对于不饱和空气　　　　　　　$t > t_w > t_d$

对于饱和空气 $\qquad\qquad\qquad t=t_w=t_d$

例 9-2 》》　若已知湿空气的总压为 101.3kPa，温度为 30℃，湿度为 0.024kg/kg 干气，试计算湿空气的相对湿度百分数、露点、焓和空气中水蒸气的分压。

解　（1）相对湿度百分数　由式（9-2）知

$$H=0.622\frac{p_v}{p-p_v}$$

$$0.024=0.622\frac{p_v}{101.3-p_v}$$

$$p_v=3.763\text{kPa}$$

查上册附录查得 30℃下水的饱和蒸气压 p_s 为 4.2464kPa 所以

$$\varphi=\frac{p_v}{p_s}\times100\%=\frac{3.763}{4.2464}\times100\%=88.5\%$$

（2）露点 t_d　因为 t_d 是将湿空气等湿冷却而达到饱和时的温度，故可从上册附录查得饱和水蒸气分压 p_s 为 **3.763kPa** 时的温度即为露点 $t_d=\mathbf{27.4℃}$。

（3）焓　由式（9-10）知

$$I_H=(1.01+1.88H)t+2490H=(1.01+1.88\times0.024)\times30+2490\times0.024$$
$$=91.4\text{kJ/kg 干气}$$

二、湿空气的 *T-H* 图

由上述可知，表示湿空气物理性质的各状态参数之间是存在有一定函数关系的。而这些函数关系除了用公式表示外，为了计算上的方便还可以用线图来表示，以供查取湿空气的有关性质。湿空气的温度-湿度图（即 *T-H* 图）是目前工程计算中广为应用的一种湿度图（祁存谦，1984 年化学世界第 25 卷第 4 期），如图 9-5 所示。此外还有湿空气的焓-湿度图（*I-H* 图）等。

1. 湿度图的组成

由图 9-5 所示可知，该图是采用以温度 *T* 作为横坐标，湿度 *H* 为纵坐标所绘制的湿度图，称为**温度-湿度图（*T-H* 图）**。图 9-5 是依据总压 *p*＝101.3kPa 作基础而标绘的湿度图。图中任何一点都代表一定温度和湿度的湿空气。图中各线的意义如下。

（1）**等温线（等 *T* 线）**　在图 9-5 中是与纵轴平行的一组直线。在同一根等 *T* 线上都具有相同的温度值。

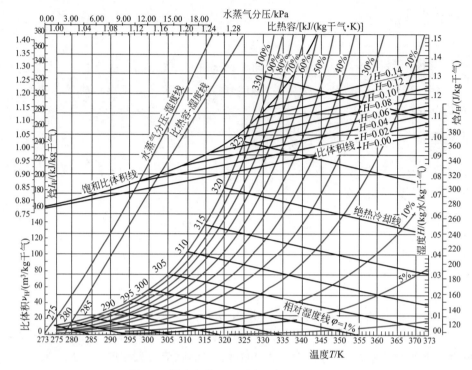

图 9-5　湿空气的 T-H 图（总压 101.3kPa）

（2）**等湿线（等 H 线）**　在图 9-5 中是与横坐标平行的一组直线。在同一根等 H 线上都具有相同的湿度值。

（3）**等相对湿度百分线（等 φ 线）**　在图 9-5 中是一组从左下角散发出来的曲线，它是根据式(9-6)绘制的。$\varphi=100\%$ 的曲线称为饱和空气线，这时空气完全被水蒸气所饱和。饱和空气线的左上方是过饱和区域，这时湿空气成雾状，故也称为雾区，不能用来干燥物料。饱和空气线的右下方是不饱和空气区域，这个区域中的空气可以作为干燥介质。由图中看出，当湿空气的湿度为一定时，温度越高，则相对湿度百分数越低，即作为干燥介质时，其吸收水蒸气的能力越强。因此，对于干燥操作有意义的是 $\varphi=100\%$ 饱和空气线的右下方不饱和区域。

（4）**绝热冷却线**　在图 9-5 中是一组在不饱和区域内自左上方至右下方互不平行的倾斜线段，称为绝热冷却线（或等焓线）。自右下方沿线向左上方与 $\varphi=100\%$ 的饱和空气相交的线段，表明湿空气由干球温度 t 绝热增湿冷却至 t_{as} 而达到饱和的过程。

对于空气-水系统，绝热冷却线与等湿球温度线重合，所以绝热冷却线又可称为等湿球温度线。故对某一状态的湿空气，若沿绝热冷却线向左上方与 $\varphi=100\%$ 的饱和空气线相交，其交点所指出的温度，即该空气初始状态的绝热饱和

温度 t_{as}，亦即湿球温度 t_w。

（5）**比热容线**　在图 9-5 中是靠左半部的一条自左下方到右上方贯通全图的一条直线，它是依式（9-8）而绘制的。其值可在图上边的比热容数标范围内查取。

（6）**水蒸气分压线**　在图 9-5 中是靠左半部的一条自左下方到右上方贯通全图的一条近似直线，它是依式（9-2）而绘制的。其值可在图的上方水蒸气分压数标线上查取。

（7）**比体积线**　在图 9-5 中是在右上部的一组自左向右上方的倾斜直线，它是依式（9-7）绘制的。其值可在图左边的比体积数标线上查取。

（8）**饱和比体积线**　是图 9-5 中左上方的一条曲线，它也是依式（9-7）而绘制的。其饱和比体积值亦在图左边的比体积数标线上查取。

2. 湿度图用法

上述 T-H 图中任一点，代表一个确定的空气状态，其温度、湿度、相对湿度等均为定值。下面举例说明 T-H 图的用法。

例如，图 9-6 中点 A 代表一定状态的湿空气。则由点 A 沿等温线向下，可在横坐标上查得温度 T；由点 A 沿等湿线向右，可在纵坐标上查得湿度 H；由点 A 沿等湿线向左与 $\varphi = 100\%$ 等相对湿度线相交于点 C（即点 A 在湿度不变的情况下冷却到饱和状态），再由点 C 沿等温线向下，在横坐标上查得露点 T_d；由点 A 沿绝热冷却线向左上方与 $\varphi = 100\%$ 等相对湿度线相交于点 D，再由点 D 沿等温线向下，在横坐标上查得绝热饱和温度 T_{as}（即湿球温度 t_w），倘由点 D 沿等湿线向右，则在纵坐标上可查得达到绝热饱和温度时的饱和湿度 H_{as}；由点 A 沿等温线向上与 $\varphi = 100\%$ 线相交于点 B，再由点 B 沿等湿线向右，在纵坐标

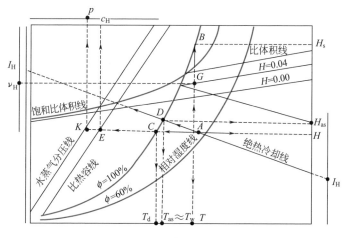

图 9-6　湿度图的用法

上可查得在干球温度情况下达到饱和时的饱和湿度 H_s；由点 A 沿等湿线向左与比热容线相交于点 E，由点 E 沿等温线向上，在图上边的比热容数标线上可查得湿空气的比热容 c_H；由点 A 沿等温线向上与比体积线相交于点 G，再由点 G 水平向左，在图左边的比体积数标线上可查得对应的比体积 ν_H；由点 A 作相邻两条绝热冷却线的平行线向左上方或右下方与图左边或右边湿空气的焓值数标线相交，可查得对应的焓值；由点 A 沿等湿线向左与水蒸气分压线相交于点 K，再由点 K 垂直向上，可在图上边的水蒸气分压数标线上查得对应的水蒸气分压 p。

由上述可知应用湿度图查取湿空气的状态参数时，须先确定湿空气的状态点 A。通常是依下述已知条件之一确定：①湿空气的干球温度 t 和湿球温度 t_w；②湿空气的干球温度 t 和露点 t_d；③湿空气的干球温度 t 和相对湿度 φ。上述三种条件下确定湿空气状态点的方法，分别由图 9-7 所表明。

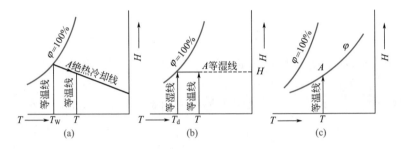

图 9-7 在湿度图上确定湿空气的状态点

例 9-3 >> 利用湿空气的湿度图求例 9-2 中的湿空气的状态点和有关的参数。

解 参看例 9-3 附图，已知点 A 处湿空气的温度为 30℃，湿度为 0.024kg/kg 干气，所以由 $T = 303K$（30℃）的等温线与 $H = 0.024kg/kg$ 干气的等湿线相交于点 A，即为湿空气的状态点。

根据点 A 的位置确定：

（1）相对湿度百分数 由点 A 在湿度图上的位置读得 $\varphi \approx 89\%$。

（2）露点 t_d 由 A 点沿等湿线向左和 $\varphi = 100\%$ 线相交于 B 点，再由 B 点沿等温线向下，在温度坐标上查得 $T_d = 300.5K$（$t_d \approx 27.5$℃）。

（3）绝热饱和温度 t_{as} 由 A 点沿绝热冷却线向左上方和 $\varphi = 100\%$ 线相交于 C 点，再由 C 点沿等温线向下，在温度坐标上查得 $T_{as} = 301K$（$t_{as} \approx 28$℃）。

（4）湿空气的焓 I_H 由点 A 沿绝热冷却线（等焓线）向左上方延伸与图左边湿空气的焓数标线相交而查得 $I_H \approx 92kJ/kg$ 干气。

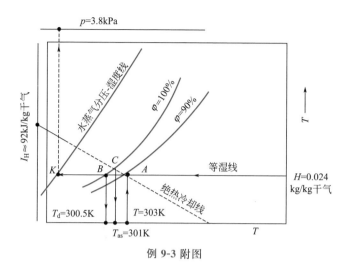

例 9-3 附图

（5）水蒸气分压 由点 A 沿等湿线向左与水蒸气分压线相交于点 K，再由点 K 垂直向上延伸与图上边水蒸气分压数标线相交，而查得 $p=3.8\text{kPa}$。

上述结果与例 9-2 的计算结果基本上相同。

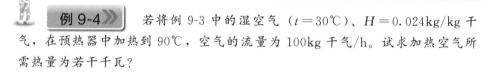

例 9-4 若将例 9-3 中的湿空气（$t=30℃$）、$H=0.024\text{kg/kg}$ 干气，在预热器中加热到 $90℃$，空气的流量为 100kg 干气/h。试求加热空气所需热量为若干千瓦？

解 由原空气的状态点 A 沿 $H=0.024\text{kg/kg}$ 干气的等湿线向右与 $T=363\text{K}$ 相交于点 D（见例 9-4 附图），点 D 为空气离开预热器的状态点，查湿空气

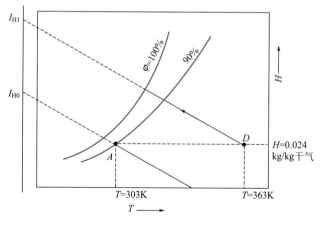

例 9-4 附图

点 D 处的热焓量 $I_{H1} \approx 155kJ/kg$ 干气。已知原湿空气 $I_{H0} = 92kJ/kg$ 干气，所以加热空气所需热量为

$$Q = L(I_{H1} - I_{H0}) = \frac{100}{3600} \times (155 - 92) = 1.75kW$$

三、湿空气的增湿和减湿

在工业上常须将空气调节到一定的湿含量和一定的温度。提高湿空气中水蒸气的含量称为增湿，而降低湿空气中水蒸气含量则称为减湿。增减湿的方法很多，下面仅介绍在空气调湿器内增、减湿的常用方法。

1. 增湿

如将图 9-8 中点 A 的湿空气，改变为点 B 湿空气的状态，其方法有二：①将水的温度维持在湿度为 H_B 的空气的露点上，用水将空气饱和（AC 线），然后在恒定湿度下将空气加热到 T_B（CB 线）。这一过程即为图 9-8 中 ACB 所示。②将点 A 空气加热到使其绝热饱和温度相当于湿度为 H_B 的空气的露点（AD 线）。然后在绝热饱和温度下用水将其饱和（DC 线），再于恒定湿度下加热到 T_B（CB 线）即可。这一过程即图 9-8 中 $ADCB$ 所示。

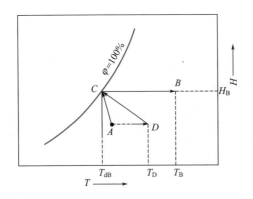

图 9-8　湿空气调温过程

图 9-9 即为上述沿 $ADCB$ 过程增湿方法所用的空气调湿器。原点 A 的空气经风机 7 从左边吸入器内，先经过翅片加热器 1，按图 9-8 的 AD 线等湿加热到 D 点，而后湿空气再经过喷雾嘴 2，在绝热饱和温度下增湿到 C 点。然后经过调湿器内的除沫板（折流板）3 以除去夹带的水沫。最后再通过第二组翅片加热器 4 在恒湿度下完成，加热到温度 T_B，即得所要的 B 点湿空气的状态，而由排出口 6 送到使用地点。最终湿度的控制，可调节第二组翅片加热器 4 内的蒸汽压强，或调节支路风门 5 来实现。

若依图 9-8 中 ACB 途径进行增湿，也可在和图 9-9 极相似的设备中进行。只是省去图 9-9 中的翅片加热器 1，而将蒸汽直接通入水中，使喷雾嘴 2 的水温维持在湿度为 H_B 的露点 T_{dB} 上，其余部分则与图 9-9 完全相同。

2. 减湿

如需将湿空气减湿，则须使湿空气中的水蒸气部分冷凝，并将冷凝的水蒸气

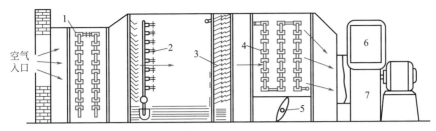

图 9-9 空气调湿器

1,4—翅片加热器；2—喷雾嘴；3—除沫板；5—风门；6—排出口；7—风机

除去。为完成这一过程，使空气在图 9-9 的设备内与喷嘴接触，但此时的水温须低于进入湿空气的露点，冷凝便会发生，而气体的温度也降低。按此方法可将空气通过与图 9-9 相似的喷雾室即可，只是不需要翅片加热器 1。

此外，亦可采用将湿空气吹过翅片管排的方法去湿。此时管内通以冷却水，使金属壁的表面温度亦须低于进入空气的露点，以使水蒸气能在翅片管表面上冷凝而除去。

第二节　干燥器的物料衡算和热量衡算

一、湿物料中含水量的表示方法

湿物料中的含水量一般有以下两种表示方法。

1. 湿基含水量 w

湿基含水量是以湿物料为基准的水分含量表示法，即

$$w = \frac{\text{湿物料中水分的质量}}{\text{湿物料的总质量}} \times 100\% \tag{9-14}$$

这是一种习惯上的表示方法，是指水分在整个湿物料中所占的质量分数。

2. 干基含水量 X

干基含水量是以干物料为基准的水分含量表示法，即

$$X = \frac{\text{湿物料中水分的质量}}{\text{湿物料中干物料的质量}} \times 100\% \tag{9-15}$$

它是指湿物料中的水分质量与干物料质量之比的百分数。这种水分含量表示方法，在干燥过程的物料衡算中应用比较方便。

上述两种水分含量表示法之间的换算关系为

$$X = \frac{w}{1-w} \tag{9-16}$$

或

$$w = \frac{X}{1+X} \tag{9-16a}$$

二、物料衡算

物料衡算可以确定干燥过程中水分蒸发量和空气消耗量。现对图 9-10 所示的连续干燥器作水分的物料衡算，以 1s（或 h）为基准。如果在干燥器中无物料损失，则：

图 9-10 连续干燥器水分物料衡算

$$G_C X_1 + L H_1 = G_C X_2 + L H_2 \tag{9-17}$$

式中 G_C——干物料的质量流量，kg 干料/s；

L——干气的流量，kg 干气/s；

H_1，H_2——干气进、出干燥器时的湿度，kg 水/kg 干气；

X_1，X_2——湿物料进、出干燥器时的干基含水量，kg 水/kg 干料。

整理式（9-17）可得

$$W = G_C(X_1 - X_2) = L(H_2 - H_1) \tag{9-18}$$

式中 W——水分蒸发量，kg/s。

故蒸发 W kg 水/s 所消耗的干气量为

$$L = \frac{W}{H_2 - H_1} \tag{9-19}$$

$$l = \frac{1}{H_2 - H_1} \tag{9-20}$$

式中 l——单位空气消耗量，kg 干气/kg 水。

在干燥装置中风机所需的风量是根据湿空气的体积流量 q_v 而定。湿空气的体积可由干燥任务所需干气的质量流量 L 与比体积 ν_H 的乘积求取，即

$$q_v = L\nu_H = L(0.772 + 1.244H)\frac{t+273}{273}$$

上式中空气的温度 t 和湿度 H 须由风机排出部位的湿空气状态而定。

例 9-5 有一个干燥器，干燥盐类结晶，每小时处理湿物料 1000kg，经干燥后使物料的湿基含水量由 40% 减至 5%。干燥介质是空气，其初温是 293K，相对湿度是 60%，经预热器加热到 393K 进入干燥器。设空气离开干燥器时的温度是 313K，并假定已达到 $\varphi=80\%$ 饱和。试求：(1) 水分蒸发量，kg/s；(2) 空气消耗量，kg 干气/s 和单位空气消耗量，kg 干气/kg 水；(3) 如干燥收率为 95%，求产品量，kg/s；(4) 如风机设在新鲜空气入口处，风机的风量应为若干 m³/s。

解 (1) 水分蒸发量 W 由式(9-16) 将物料湿基含水量换算为干基含水量，即

$$X_1 = \frac{w_1}{1-w_1} = \frac{0.4}{1-0.4} = 0.667 \text{kg 水/kg 干气}$$

$$X_2 = \frac{0.05}{1-0.05} = 0.053 \text{kg 水/kg 干气}$$

送入干燥器的干物料量为

$$G_C = G_1(1-w_1) = 1000(1-0.4) = 600 \text{kg 干料/h}$$

故水分蒸发量由式(9-18) 知为

$$W = G_C(X_1 - X_2) = 600 \times (0.667 - 0.053) = 368 \text{kg/h} = 0.1022 \text{kg/s}$$

(2) 空气消耗量 L 及单位空气消耗量 l

由湿空气 T-H 图查得，当 $T_0=293$K 和 $\varphi_0=60\%$ 时，$H_0=0.009$kg 水/kg 干气，当 $T_2=393$K 和 $\varphi_2=80\%$ 时，$H_2=0.039$kg 水/kg 干气。由式(9-19) 知

$$L = \frac{W}{H_2 - H_1}$$

又因空气经过预热器时，其湿度不变，即 $H_0=H_1$ 所以

$$L = \frac{W}{H_2-H_1} = \frac{W}{H_2-H_0} = \frac{0.1022}{0.039-0.009} = 3.41 \text{kg 干气/s}$$

由式(9-20) 知

$$l = \frac{1}{H_2-H_1} = \frac{1}{H_2-H_0} = \frac{1}{0.039-0.009} = 33.3 \text{kg 干气/kg 水}$$

(3) 产品量 G_2'

由干燥收率 $\eta = \dfrac{\text{实际获得产品量}}{\text{理论产品量}} \times 100\% = \dfrac{G_2'}{G_2} \times 100\%$

$$G_2' = G_2\eta = (G_1 - W)\eta = (1000 - 368) \times 95\% = 600 \text{kg 干料/h}$$
$$= 0.167 \text{kg 干料/s}$$

（4）风机的风量　因风机输送的是新鲜湿空气，此时 $T_0 = 293K$，$H_0 = 0.009kg/kg$ 干气，由湿空气 $T\text{-}H$ 图可查得 $\nu_H \approx 0.84 m^3/kg$ 干气。

故　　　　　　　　　$q_v = L\nu_H = 3.41 \times 0.84 = 2.87 m^3/s$

或

$$q_v = L(0.0772 + 1.244H_0)\frac{t+273}{273}$$

$$= 3.41 \times (0.772 + 1.244 \times 0.009) \times \frac{293}{273} = 2.87 m^3/s$$

三、热量衡算

连续干燥过程的热量衡算示意图如图 9-11 所示。图中所示温度为 t_0，湿度为 H_0 和焓为 I_0 的新鲜空气，先经预热器间接加热升温后再送入干燥器。

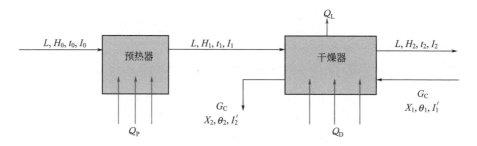

图 9-11　连续干燥过程的热量衡算示意图

空气经预热后的状态变为 t_1、$H_1(H_1 = H_0)$ 和 I_1。在干燥器中热空气与湿物料进行逆流接触干燥，在离开干燥器时空气的湿度增加而温度下降，空气的状态为 t_2、H_2 和 I_2。干空气流量为 L kg/s。物料进、出干燥器时的干基含水量分别为 X_1 和 X_2，温度为 θ_1、θ_2，焓分别为 I_1'、I_2'，干物料的流量为 G_C。图中 Q_P 为预热器的传热速率，Q_D 为向干燥器内补充热量的速率，Q_L 为干燥器的热量损失速率。

1. 预热器的加热量 Q_P

如图 9-11 所示，干空气流量为 L（kg 干气/s），若不计预热器的热损失，则预热器的热量衡算为：

$$LI_0 + Q_P = LI_1 \tag{9-21}$$

$$Q_P = L(I_1 - I_0) \tag{9-21a}$$

2. 干燥器的热量衡算

干燥器的热量衡算如表 9-1。

表 9-1　干燥器的热量衡算

输入热量	输出热量
湿物料带入的热量:$G_C I_1'$	干燥产品带出的热量:$G_C I_2'$
空气带入的热量:$L I_1$	空气带出的热量:$L I_2$
干燥器内补充的热量:Q_D	干燥器热损失:Q_L

表内：I_1'，I_2'——分别为湿物料进入和离开时的焓，kJ/kg 干料；湿物料的温度为 $\theta(℃)$，干基含水量为 X（kg 水/kg 干料），其焓的计算式为：

$$I' = c_干 \theta + X c_水 \theta = (c_干 + X c_水)\theta \tag{9-22}$$

式中　$c_干$——干物料的平均比热容，kJ/(kg 干料·℃)；

　　　$c_水$——液态水的平均比热容，$c_水 \approx 4.187$kJ/(kg 水·℃)。

干燥器的热量衡算式为

$$G_C I_1' + L I_1 + Q_D = G_C I_2' + L I_2 + Q_L$$

整理为：

$$Q_D = L(I_2 - I_1) + G_C(I_2' - I_1') + Q_L \tag{9-23}$$

式中　Q_D——单位时间内向干燥器内补充的热量，kW。

通过对干燥器的热量衡算，可确定干燥过程的热能消耗量，为计算预热器的加热面积、加热剂的消耗量、干燥器的尺寸等提供了依据。

四、理想干燥过程

由以上结果可看出，对干燥系统进行物料衡算与热量衡算时，必须知道空气离开干燥器的状态参数，由于干燥器内空气与物料间既有热量传递又有质量传递，有时还要向干燥器补充热量，而且又有热量损失于周围环境中，情况复杂，故确定干燥器出口处空气状态参数很烦琐。若能满足或接近以下条件，则可简化干燥计算。

（1）不向干燥器中补充热量，即 $Q_D = 0$；

（2）热损失可忽略，即 $Q_L = 0$；

（3）物料进出干燥器的焓相等，即 $G_C(I_2' - I_1') = 0$。

将以上条件代入式(9-23)，可得

$$I_1 = I_2$$

上式说明空气通过干燥器时焓恒定，所以又将这个过程称为等焓过程。实际操作中很难实现这种等焓过程，故该过程称为理想干燥过程。等焓干燥过程中空气出干燥器时的状态，可由已知离开干燥器的空气温度 t_2 或相对湿度 φ_2 在 T-H

图上确定。设新鲜空气温度为 T_0、相对湿度为 φ_0，经预热器后温度升高至 t_1，而离开干燥器时的温度已测知为 t_2，则空气经历等焓干燥过程时，状态变化可表示在图 9-12 中。图中点 A 表示新鲜空气的状态，在预热器中预热后温度升为 t_1 而湿度不变，所以由点 A 沿等湿度线向右与 T_1 相交于 B，此 B 点即表示为进干燥器时空气的状态。由于在干燥器中空气状态变化过程是一个等焓过程，因此由 B 点沿等焓线（绝热冷却线）向左上方与 T_2 线相交于 C，此 C 点即表示为空气出干燥器时的状态。

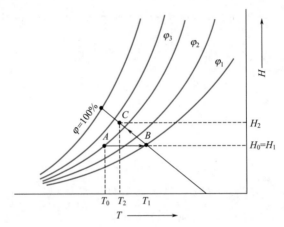

图 9-12　等焓干燥过程空气状态的变化

五、干燥器的热效率

干燥器的热效率 η 一般定义为：

$$\eta = \frac{\text{干燥器内用于汽化物料中水分所消耗的热量}}{\text{对干燥系统加入的总热量}} \times 100\% \qquad (9\text{-}24)$$

或

$$\eta = \frac{Q_1}{Q_P + Q_D} \times 100\% \qquad (9\text{-}24a)$$

若蒸发水分量为 W，空气出干燥器时温度为 t_2，物料进干燥器温度为 θ_1，则干燥器内蒸发（汽化）水分所需热量 Q_1 可用下式计算，即

$$Q_1 = W(2490 + 1.88t_2 - 4.187\theta_1) \qquad (9\text{-}25)$$

干燥操作中干燥器的热效率是表示干燥器操作的性能，效率愈高表示热利用程度愈好。若离开干燥器的空气温度降低而湿度增加，则可节省空气消耗量并提高干燥操作的热效率。但是空气湿度的增加，使物料和空气间的传质推动力减少。一般来说，对于吸水性物料的干燥，空气出口温度应高些，而湿度则应低

些，即相对湿度要低些。在实际干燥操作中，空气出干燥器的温度 t_2 需比进入干燥器时的绝热饱和温度高 20～50℃，这样才能保证在干燥器以后的设备内空气不致分出液滴，否则可能使产品返潮，造成设备材料的腐蚀等问题。此外，废气中热量的回收利用对提高干燥操作的热效率也具有实际意义，故生产中常利用废气预热冷空气或冷物料。当然还应注意干燥设备和管路的保温，以减少干燥系统的热损失。

第三节　固体物料在干燥过程中的平衡关系与速率关系

上节讨论的主要内容是通过物料衡算与热量衡算，找出被干燥物料与干燥介质的最初状态与最终状态间的关系，用以确定干燥介质的消耗量、水分蒸发量以及消耗的热量。本节将介绍从物料中除去水分的数量与干燥时间之间的关系。

一、物料中的水分

干燥过程中，水分由湿物料表面向空气主流中扩散的同时，物料内部水分也源源不断地向表面扩散，水分在物料内部的扩散速率与物料结构以及物料中的水分性质有关。

一般物料分为非吸湿毛细管物料（如沙子、碎矿石、某些聚合物颗粒等）、吸湿多孔物料（如黏土、木材和织物等）及胶体（无孔）物料（如肥皂胶、尼龙类的聚合物等）三大类。水分在物料中存在的情况分为：①化学结合水，即化合物中的结晶水，这种水分不能用干燥方法去除；②化学-物理结合水与物理-机械结合水，这两种水分只有变成水蒸气才能从物料中除去；③机械结合水分，这种水分可用机械方法（如过滤、离心分离）除去。

从干燥机理出发，将物料中的水分可分为以下几种。

1. 平衡水分和自由水分

如将某一物料与一定温度及湿度的空气相接触时，物料将被除去或吸收水分，直到物料表面所产生的水蒸气压强与空气中水蒸气分压相等为止，而使物料的含水量达到一定数值，此数值称为该空气状态下此物料的平衡水分或称平衡含湿量。以 X^* 表示，单位为 kg 水/kg 干料。

通常，物料的平衡水分都是由实验测定，如图 9-13 所示，即为某些物料在25℃下的平衡水分，与空气相对湿度百分数的关系。对于非吸水性物料陶土的平衡水分几乎为零；而对于吸水性物料如烟草、皮革及木材等物料的平衡水分则较多，而且随空气的相对湿度百分数的不同而有较大的变化。所以平衡水分因物料

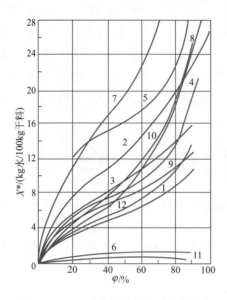

图 9-13 25℃时某些物料的平衡水分与空气的相对湿度百分数的关系

1—新闻纸；2—羊毛；3—硝化纤维；4—丝；5—皮革；6—陶土；7—烟叶；8—肥皂；9—牛皮胶；10—木材；11—玻璃绒；12—棉花

种类的不同有很大的差别；同一种物料的平衡水分也因空气状态的不同而异。从图还可以看出，在同一温度下空气的相对湿度百分数愈大，则物料中所含的平衡水分愈多，其值亦因物料种类而不同。但若空气的相对湿度百分数为零时，则任何物料的平衡水分皆为零。由此可知，只有使物料与相对湿度百分数为零的空气相接触，才有可能获得干的物料；反之如果使物料与一定湿度的空气接触，物料中总有一部分水（即平衡水分）不能除去。故平衡水分是在一定的空气状态下物料可能被干燥的最大限度。

此外，物料中的平衡水分随温度的升高而减小，例如棉花与相对湿度百分数为 50% 的空气相接触，当空气温度由 37.8℃升高到 93.3℃时，平衡水分则由 0.073 而降为 0.057kg 水/kg 干棉花，约减少 25%。但是不同温度下的平衡水分的实验数据往往比较缺乏，因此只要在不太宽的温度范围内，通常将平衡水分视为常量。

自由水分是指在一定的空气状态下能用干燥的方法除去的水分。所以当物料的含水量大于平衡含水量时，含水量与平衡含水量之差称为自由水分或自由含水量。其值可从实验测得的平衡水分求得，例如丝中所含水分为 0.3kg 水/kg 干丝，而使其与温度 25℃，φ 为 50%的空气相接触，由图 9-13 可查知，这种丝的平衡水分为 0.085kg 水/kg 干丝，则丝的自由水分 = 0.3 - 0.085 = 0.215kg 水/kg干丝。由此例可知，物料中平衡水分与自由水分不仅与物料性质有关，而且还取决于空气的状态，即使同一种物料，若空气的状态不同，则其平衡水分和自由水分的值也不相同。

2. 结合水分和非结合水分

在干燥操作中，常根据物料中所含水分被除去的难易程度而划分为结合水分和非结合水分。

结合水分是指存在于物料细胞壁内的水分，小毛细管中的水分以及物料内可溶固体物溶液中的水分等。这些水分与物料结合力强，因此结合水分的特点是产生不正常的低蒸气压，即其蒸气压低于同温度下纯水的饱和蒸气压，所以结合水分是较难除去的水分。

非结合水分是指存在于物料表面上的润湿水以及颗粒堆积层中的大空隙中的水分等。这些水分与物料结合力弱，其蒸气压与同温度下纯水的饱和蒸气压相同，因此非结合水的汽化与纯水的汽化相同，在干燥过程中易被除去。

结合水分与非结合水分都很难用实验方法直接测定，但可根据它们的特点，而利用如图 9-13 的平衡关系外推得到，即将图中的某物料的平衡线继续延伸，直到与 100% 相对湿度轴相交，则在交点以下的水分，即为该物料的结合水分。由图 9-14 可见丝的结合水分为 0.24kg 水/kg 干丝，羊毛的结合水分为 0.26kg 水/kg 干羊毛。而交点以上的水分即为非结合水分，但非结合水分的含量随物料的总含水量而异，若物料丝在 25℃总含水量为 0.3kg 水/kg 干丝，则其非结合水分为 0.3 − 0.24 = 0.06kg 水/kg干丝。因此在一定温度下，物料中的结合水分与非结合水分的划分，只取决于物料本身的特性，而与和其接触的空气无关。

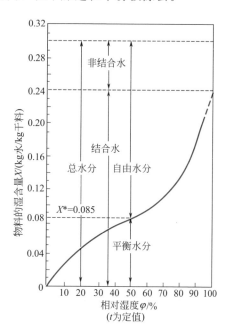

图 9-14 固体物料（丝）中几种水分

上述几种水分的关系，表明在图 9-14 中。

二、干燥过程曲线

按空气状态变化情况，可将干燥过程分为**恒定干燥**和**非恒定（变动）干燥**两大类。在干燥过程中。若空气进出干燥器的状态参数维持恒定，这种操作称为恒定状态下的干燥，反之称为非恒定（变动）状态下的干燥。本节只讨论前者。

在有些干燥操作中，用大量空气干燥少量湿物料，这时可认为空气中湿度不变。当空气的温度变化不大时，可取其进、出口温度的平均值，这种情况与恒定状态下干燥颇为类似。

1. 干燥曲线

图 9-15 中的 $X\text{-}\tau$ 线及 $\theta\text{-}\tau$ 曲线，是在恒定干燥条件下获得的数据而标绘的。这两条曲线均称为干燥曲线。

由图 9-15 可见，图中点 A 表示湿物料初始含水量为 X_1、温度为 θ_1，当干

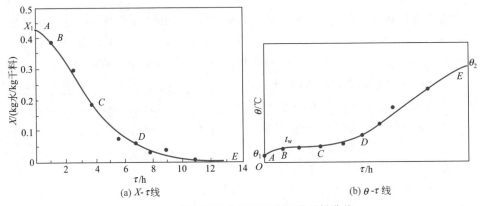

(a) X-τ线　　　　　　　　(b) θ-τ线

图 9-15　恒定干燥条件下某物料的干燥曲线

燥开始后，物料含水量及其表面温度均随时间而变化。在 AB 段末物料含水量降至 X'，温度升高到 t_w。物料在 AB 段处于预热阶段，空气中的部分热量用于加热物料，故物料的含水量及温度均随时间变化不大，所以图中斜率 $\mathrm{d}X/\mathrm{d}\tau$ 较小。其后 BC 段的斜率 $\mathrm{d}X/\mathrm{d}\tau$ 变大，且 X 与 τ 基本上呈直线关系，此阶段，由空气传给物料的显热恰等于水分从物料中汽化所需要的潜热，而物料的表面温度保持热空气的湿球温度 t_w。进入 CDE 段以后，物料即开始升温，热空气中部分热量用于加热物料使其由 t_w 逐渐升高到 θ_2，另一部分热量则用于汽化水分。因此，该阶段斜率 $\mathrm{d}X/\mathrm{d}\tau$ 又逐渐变为平坦，表明此阶段内缓慢地失去水分，直到物料中所含水量降至平衡水分 X^*，物料质量不变时为止。物料干燥曲线的具体形状依物料性质和干燥条件而定。

2. 干燥速率曲线

单位时间内在单位干燥面积上被干燥物料所能汽化的水分质量称为干燥速率。各种物料可测得不同的干燥曲线，为了比较不同物料在相同条件下的干燥速率，还可以把干燥曲线改画成干燥速率曲线，如图 9-16 所示。它表明在干燥过程中干燥速率与物料含水量的关系。

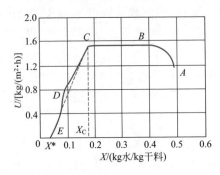

图 9-16　恒定干燥条件下
干燥速率曲线

干燥速率曲线的形状因物料种类而异，图 9-16 所示的为恒定干燥条件下的一种典型干燥速率曲线。由图中看出在物料干燥过程中有一个转折点 C，此点称为临界点。从干燥开始到临界点为第一阶段，临界点以后为第二阶段。图 9-16 中的直线 BC 段，此段的干燥速率恒定不变，故称第一阶段为**恒速干燥阶段**。图 9-16 中的直线 CD 线段，由于此线段内干燥速率是随着物料含水量的减少而降低，故称为**降速干燥阶段**。

3. 干燥过程及影响因素

（1）恒速阶段的干燥　恒速阶段的干燥速率等于**临界点的干燥速率 U_C**。在恒速干燥阶段中，物料内部水分的扩散速率大于等于表面水分汽化速率，物料表面始终维持湿润状态，物料表面温度等于空气的湿球温度；空气传给物料的热量等于水分汽化所需的热量；干燥速率取决于表面汽化速率，称为**表面汽化控制阶段**。影响干燥速率的因素是干燥介质的状态，提高空气的温度和流速，降低湿度可使干燥速率提高。

（2）降速阶段的干燥　当物料的含水量降至临界含水量 X_C 后，便转入降速干燥阶段。在此阶段中，由于水分自物料内部向表面迁移的速率低于物料表面上水分的汽化速率，因此湿物料表面逐渐变干，汽化表面向物料内部转移，温度也不断上升。随着物料内部含水量的减少，水分由物料内部向表面传递的速率慢慢下降，因而干燥速率也越来越低，到达图 9-16 中点 E 时速率降为零，物料中的水分即为该空气状态下的平衡水分。物料表面温度由初始状态空气的湿球温度 t_w 逐渐上升至 θ_2。

由以上分析可知：降速阶段的干燥速率取决于水分在物料内部迁移速率，它与物料本身结构、尺寸及几何形状有关，与干燥介质流动关系不大，所以**降速阶段又称为物料内部迁移控制阶段**。物料内部水分迁移机理相当复杂，目前虽有多种理论描述迁移过程，但局限性很大，难于依靠这些理论建立说明干燥速率的方程式，因此只有通过实验作出该条件下的干燥曲线或干燥速率曲线。影响干燥速率的因素是物料本身的结构、形状和尺寸大小，而与干燥介质的状态参数关系不大，所以减小物料尺寸，使物料分散在干燥介质中，可提高此阶段的干燥速率。

（3）临界含水量 X_C　一般物料在干燥过程中要经历预热段、恒速干燥阶段和降速干燥阶段，而上述后两个阶段是以湿物料中临界含水量来区分的。

临界含水量 X_C 值愈大，便会使物料中干燥较早地转入降速阶段，使在相同地干燥任务下所需的干燥时间较长。所以确定临界含水量，对于干燥速率和干燥时间的计算是十分必要的。此外，由于影响两个干燥阶段干燥速率的因素不同，所以确定临界含水量 X_C 值，对于如何强化具体的干燥过程也有重要意义。

临界含水量随物料的性质、厚度及干燥速率的不同而异，例如无孔吸水性物料的临界含水量 X_C 值比多孔物料的为大；在一定的干燥条件下，物料层愈厚，临界含水量愈大。了解影响临界含水量的因素，将便于控制干燥操作，如减低物料层厚度，对物料增强搅动，则既可增大干燥面积，又可减小临界含水量。

第四节　干燥器

实现物料干燥过程的机械设备称为干燥器。工业上被干燥的物料千差万别，性状各异，有板状、块状、片状、纤维状、粒状、粉状、膏糊状甚至液状等，物料结构上有多孔疏松型的、有紧密型的；有耐热性的，有热敏性的，此外，许多湿物料易黏结成块，但在干燥过程中能逐步分裂，也有的湿物料散粒性很好，但在干燥中严重结块；干燥程度不同，有的物料仅需脱除表面水分，有的物料则需要脱除结合水分；有的产品仅需达到平均湿含量，有的产品则不仅要求平均湿含量符合指标，而且还有干燥均匀性要求；有的产品要求保持一定的晶型和光泽，有的产品要求不开裂变形；干燥能力也不一样，少则年生产能力仅为几吨或几十吨，大规模干燥可达到年生产能力数十万吨甚至数百万吨。

由于物料的多样性，为了满足各种物料的干燥要求，干燥器的形式也是多种多样的，每一种干燥器都具有一定的适应性和局限性。

按照加热方式的不同，可以将干燥器分为以下几类。

① 对流干燥器　如厢式干燥器、带式干燥器、转筒干燥器、气流干燥器、沸腾床干燥器、喷雾干燥器。

② 传导干燥器　如滚筒式干燥器、减压干燥厢、真空耙式干燥器、冷冻干燥器。

③ 辐射干燥器　如红外线干燥器。

④ 介电加热干燥器　如微波干燥器。

下面仅介绍化工生产中最常用的几种干燥器的形式。

一、干燥器的类型

1. 厢式干燥器（盘架式干燥器）

厢式干燥器为常压间歇操作的典型设备。一般小型的称为烘箱，大型的称烘房，这种干燥器的基本结构见图 9-17 所示。干燥器的外壁由砖坯或包以绝热材料的钢板构成，干燥室内支架上放有许多矩形浅盘，被干燥物料放在浅盘中，物料在盘中的堆放厚度为 10～100mm，新鲜空气由风机吸入，经加热器预热后沿挡板均匀地进入下部几层放料盘，再经中间加热器加热后进入中部几层放料盘，而后再经中间加热器加热后进入最上部几层放料盘，而后使部分废气排出，余下的循环使用，以提高热利用率。废气循环量可以通过调节门进行调节。当热空气在物料上掠过时即起干燥作用。空气的流速由物料的粒度而定，一般为 1～10m/s。这种干燥器的放料盘置于小车的盘架上，使物料的装卸都能在厢外进行，不致占用干燥时间，且劳动条件较好。

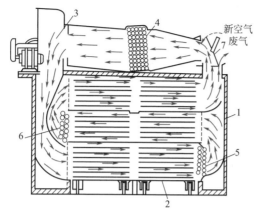

图 9-17　厢式干燥器

1—干燥室；2—小车；3—送风机；4,5,6—
空气预热器；7—调节风门

M9-2　厢式干燥器

　　厢式干燥器的特点是：在干燥过程中物料处于静止状态，所以物料破损及粉尘少，特别适用于干燥易碎的脆性物料；由于是间歇操作，所以适用于小规模、多品种、干燥条件变动大以及干燥时间长等场合的干燥操作，特别适于作为实验室或中间试验的干燥装置；其结构简单、适应性较强，但热利用率低。

　　厢式干燥器也可以在减压下操作，成为厢式真空干燥器。如图 9-18 所示为一减压干燥箱，此箱由两段圆筒构成，外壳两端以盖密封，厢内有若干空心加热板，被干燥的物料置于此类加热板上的活动托盘中，加热板一端通蒸汽连接管，另一端连冷凝水排除器，借传导加热物料。操作时用真空泵抽出物料中蒸出的水汽或其他蒸气，以维持干燥器中的真空度。真空干燥器适用于处理热敏性、易氧

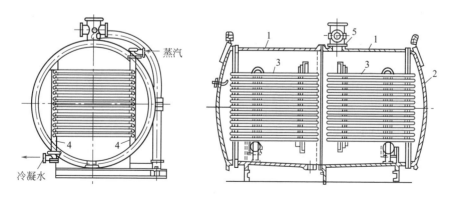

图 9-18　真空圆形干燥器

1—外壳；2—盖；3—空心加热板；4—蒸汽连接管；5—蒸汽排出口

化及易燃的物料，或用于所排出的蒸汽需要回收及防止污染环境的场合。

2. 带式干燥器

带式干燥器是最常用的连续式干燥装置，如图 9-19 所示，是在一个长方形干燥室或隧道中，装有带式运输设备。传送带多为网状，气流与物料成错流，物料在带上被运送的过程中不断地与空气接触而被干燥。传送带可以是多层的，带宽为 1~3m，长为 4~50m。

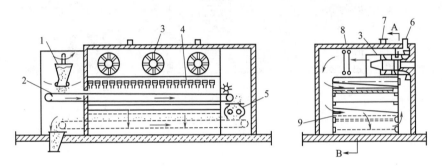

图 9-19 带式干燥器
1—加料器；2—传送带；3—风机；4—热空气喷嘴；5—压碎机；6—空气入口；
7—空气出口；8—加热器；9—空气再分配器

通常在物料的运动方向上分成许多区段，每个区段都可装设风机和加热器。在不同区段上，气流方向及气体的温度、湿度和速度都可不同。由于被干燥物料的性质不同，传送带可用帆布、涂胶布、橡胶或金属丝网制成。

带式干燥器特点是物料在干燥过程中，物料是以静止状态堆积于金属丝网或其他材料制成的水平循环输送带上，进行通风干燥，故物料翻动少，不受振动或冲击，无破碎等损坏，可保持物料的形状，且利于防止粉尘公害，可同时连续干燥多种固体物料。适用于干燥粒状、块状和纤维状。但热效率不高，约在 40%。

3. 气流干燥器

对于能在气体中自由流动的颗粒物料，可采用气流干燥方法除去其中水分，其干燥过程是利用高流速的热气流，使粉粒状的物料悬浮在气流中，在气力输送过程中进行干燥，如图 9-20 所示。

气流干燥器的主体是一根直径为 300~500mm，长为 10~20m 直立的圆筒。操作时，新鲜空气由送风机 5 吸入，经预热器加到指定温度，然后进入干燥管以 20~40m/s 的高速在气流干燥管中流动。物料由加热器连续送入，在干燥管中被高速气流分散并悬浮在气流中，热气流与物料并流流过干燥管过程中进行传质与传热，使物料得以干燥，并随气流进入旋风分离器经分离后，由底部排出。废气经风机而放空。

气流干燥器的特点为：由于器内气体的速度高，而且物料颗粒又是悬浮于气流之中，因此气、固间传热系数和传热表面积都很大，干燥效果较好；在气流干燥器中物料的临界含水量低，缩短了干燥时间，大多数物料在器中只需停留 0.5～2s，最多不超过 5s；可采用较高的气体温度，以提高气固间的传热温度差，即使是吹入的热风为 700～800℃，干燥产品温度亦不超过 70～90℃，结构简单，活动部件少，易于建造和维修，操作稳定且便于控制；由于气流干燥器的散热面积较小，热损失少，一般热效率较高，干燥非结合水分时，热效率可达 60% 左右，但干燥结合水分时，只有 20% 左右。

由于气速高及物料在输送过程中与壁面的碰撞及物料之间的摩擦，整个干燥系统的流体阻力较大，因此动力消耗较大。干燥器的主体较高，约为 10m 以上。此外，对粉尘回收装置的要求较高，且不宜于干燥有毒的物质。由于物料在运动过程中相互摩擦并与壁面碰冲，对物料有破碎作用，因此气流干燥器不适于干燥易破碎的物料，尤其不适于干燥对晶体有一定要求的物料。

气流干燥器适宜于干燥非结合水分及结团不严重、不怕磨损的颗粒状物料，尤其适宜于干燥热敏性物料或临界水低的细粒或粉末物料。

4. 沸腾床干燥器（流化床干燥器）

图 9-21 所示为单层圆筒沸腾床干燥器。若在分布板上加入待干燥的颗粒物料，热空气由多孔板的底部送入，使其均匀地分散并与物料接触，当气速适宜时，颗粒即悬浮在上升的气流中而形成流化床。在流化床中颗粒在热气流中上下翻动，彼此碰撞和混合，

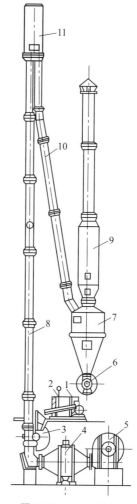

图 9-20　气流干燥器

1—贮料槽；2—投料器；3—加料器；
4—空气预热器；5—送风机；6—卸料器；
7—旋风除尘器；8—直立管；9—空气过
滤器；10—物料下降管；
11—缓冲装置

M9-3　气流干燥器

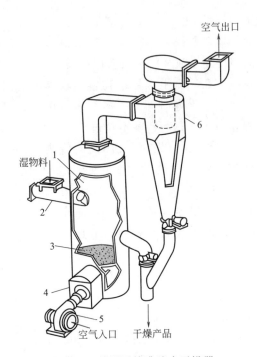

M9-4 沸腾床干燥器

图 9-21 单层圆筒沸腾床干燥器

1—沸腾室；2—进料器；3—分布板；4—加热器；

5—风机；6—旋风分离器

与热气体进行传热和传质而达到干燥的目的。当床层膨胀到一定高度时，因床层空隙率增大而使气速下降，颗粒又重新落下而又不致被气流带走。

沸腾床干燥器特点为：具有较高的传热和传质速率，所以生产能力大；物料在干燥器内的停留时间可由出料口控制，因此可改变产品的含水量，能生产含水分极低的干燥制品；结构简单，活动部分少，操作维修方便，热效率较高，对非结合水分的干燥为 60%～80%，对结合水分的干燥为 30%～50%；但对被处理物料的形状和粒径有一定限制，粒径最好在 30μm～6mm 之间。

单层的沸腾床干燥器适用于易干燥、处理量较大而对产品的要求又不太高的场合。对于干燥要求较高或要求时间干燥较长的物料，一般可采用多层沸腾床干燥器。

5. 转筒干燥器

图 9-22 所示为用热空气直接加热的逆流操作转筒干燥器，又称为回转圆筒干燥器。干燥器的主要部分为一个倾斜角度为 0.5°～6°的横卧式旋转圆筒。筒直径为 0.5～3m，长度为 2～27m，最长可达 50m。圆筒全部重量支承在滚轮上，筒身被齿轮带动而回转，转数一般是每分钟 1～8 转。物料从较高的一端送入，

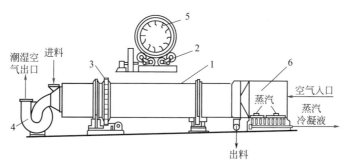

图 9-22 转筒干燥器

1—转筒；2—托轮；3—齿轮（齿圈）；4—风机；5—抄板；6—蒸汽加热器

与另一端进入的热空气逆流接触，随着圆筒的旋转，物料在重力的作用下流向较低的一端时，被干燥完毕而排出。通常在圆筒内壁装有若干块抄板，其作用是将物料抄起后再洒下，以增大干燥表面积，使干燥速率增快，同时还促使物料向前运行。抄板的形式很多，常用的如图 9-23 所示，其中直立抄板适用于处理黏性的或较湿的物料，45°和 90°抄板用于处理粒状或较干的物料，抄板基本上纵贯整个圆筒的内壁，在物料入口端的抄板也可制成螺旋形的，以促进物料的初始运动并导入物料。

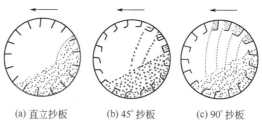

(a) 直立抄板   (b) 45°抄板   (c) 90°抄板

图 9-23 常用的抄板形式

转筒干燥器的特点是：生产能力大，水分蒸发量可高达 10t/h；能适应被干燥物料的性质变化，即使加入物料的水分、粒度等有很大变化，亦能适用；干燥器的结构具有耐高温的特点，能使用高温热风；热效率较低约为 50%，若使排风大量循环，则热效率可达 80%；但结构复杂，传动部件需经常维修，且消耗钢材量多，基建费用较高，占地面积大。

转筒干燥器适用于大量生产的粒状、块状、片状物料的干燥，例如各种结晶体、有机肥料、无机肥料、矿渣、水泥等物料。所处理物料的含水量范围为 2%～50%，产品含水量可降至 0.5%左右，甚至可降到 0.1%。

6. 喷雾干燥器

喷雾干燥是将溶液、浆液或含有微粒的悬浮液喷成雾状细滴分散于热气流

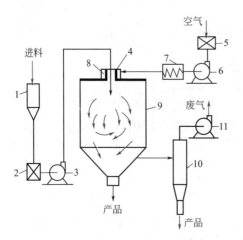

图 9-24 喷雾干燥器的典型流程
1—料槽；2—原料过滤器；3—泵；4—雾化器；5—空气过滤器；6—风机；7—加热器；8—空气分布器；9—干燥室；10—旋风分离器；11—排风机

中，使水分迅速汽化而达到干燥的目的。图 9-24 所示为喷雾干燥的一种流程。浆液用送料泵压至喷雾器，在干燥室中喷成雾滴而分散在热气流中，雾滴在与干燥室内壁接触以前水分已迅速汽化，成为微粒或细粉落到器底，产品由风机吸至旋风分离器内被回收，废气经风机排出。

喷雾器是喷雾干燥器的关键部分。液体通过喷雾器可分散成为 $10 \sim 60 \mu m$ 的雾滴，提供很大的干燥表面积，每立方米溶液具有的表面积为 $100 \sim 600 m^2$，以利于达到迅速干燥的目的。

喷雾干燥的特点是：干燥速率快，干燥时间短，一般可在 $5 \sim 30 s$ 内完成干燥过程，故其适用于热敏性物料的干燥；能处理用其他干燥方法难于进行干燥的低浓度溶液，且可由料液直接获得干燥产品；可连续、自动化生产，操作稳定。但热效率低（约为 40% 以下）；干燥器的容积大，操作弹性较低；单位产品的耗热量及动力消耗皆大。

喷雾干燥器适用于含有微粒的悬浮液和乳状液，以及用其他方法易于热分解的物料干燥。特别适用于干燥热敏性的物料，因而在合成树脂、食品、制药等工业部门中广为使用。

7. 滚筒干燥器

滚筒干燥器由一个或两个滚筒所组成，前者称为单滚筒式，后者称为双滚筒式。滚筒干燥器一般只适于悬浮液、溶液、胶状体等流动性物料的干燥，含水量过低的热敏性物料不宜采用这种干燥器。一般被干燥物料的初始含水量为 40% ～ 80%，最终含水量可达 3% ～ 4%。图 9-25 所示为双滚筒干燥器，其结构较两个单滚筒紧凑而功率相近。两滚筒旋转方向相反，部分表面浸在料槽中，从槽中转出来的部分表面沾上了厚度为 0.3～5mm 的薄层。加热蒸汽送入滚筒内部，通过筒壁的热传导，使物料中水分蒸发，水汽与夹带的粉尘由滚筒上方的排气罩排出。滚筒转动一周，物料即被干燥，并由滚筒上方刮刀刮下，经螺旋输送器送出。对易沉淀的料浆，也可将原料向两滚筒的缝隙处洒下，如图 9-25 所示。滚筒干燥器是以传导方式传热的，湿物料中的水分先被加热到沸点，干料则被加热到接近于滚筒表面的温度。滚筒直径一般为 0.5～1.5m，长度为 1～3m，转速为 1～3r/min。由于干燥时可直接利用蒸汽的汽化热，故热效率较高，约为

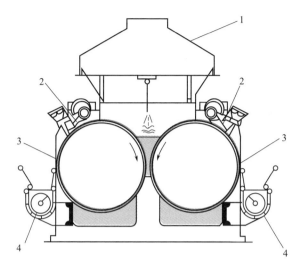

图 9-25 具有中央进料的双滚筒干燥器
1—蒸汽罩；2—小刀；3—蒸汽加热滚筒；4—运输器

$70\%\sim90\%$。单位加热蒸汽的耗量为 $1.2\sim1.5$kg 蒸气/kg 蒸发水分，总传热系数为 $180\sim240$W/(m^2 · ℃)。

二、干燥器的选择

间歇式干燥器的生产能力小、操作时劳动强度较大、产品损失较多，不易保持周围环境清洁，在许多场合下不能满足现代工业的需要。间歇式干燥器仅适用于物料数量不大，要求产品指标不同的场合。

连续式干燥器的干燥时间较短、产品质量均匀、劳动强度小，因此，应当尽可能地采用连续操作的干燥器。

在化学工业中，选用干燥器时经常考虑以下诸因素。

(1) 物料的热敏性 物料对热的敏感性决定了干燥过程中物料的上限温度，这一点为选择干燥器时主要依据，但许多实例证实：在温度高、干燥时间短的条件下得到的产品质量优于低温、长时间干燥的产品，因此，应以干燥实验结果为依据，选择适宜干燥器与操作条件。

(2) 成品的形状、质量及价值 干燥食品时，产品的几何形状、粉碎程度均对成品的质量及价值有直接影响。

(3) 干燥速率曲线与物料的临界含水量 确定干燥时间时，应先由实验作出干燥速率曲线，至少应知道临界含水量 X_C 值。干燥速率曲线与 X_C 值均显著受物料与介质接触状态、物料尺寸与几何形状的影响。例如粉碎后再进行干燥时，除了干燥面积增大外，一般临界含水量 X_C 值随着降低，有利于干燥。因此，在不可能用与设计类型相同的干燥器进行实验时，应尽可能在其他干燥器中模拟设计时的湿物料状态，进行干燥速率曲线实验，并确定 X_C 值。

（4）物料的黏性　应了解物料在干燥过程中黏附性的变化，特别是在连续干燥中，若物料在干燥过程中黏附在器壁上并结块长大，会破坏干燥器的运转。

（5）其他　有些物料在干燥过程中有表面硬化及收缩现象，也有些物料具有毒性，在选择干燥器时应考虑这些因素。此外，还应充分了解建厂地区的外部条件，如气象、热源、场地等，做到因地制宜。

阅读材料

超临界流体干燥技术简介

物质根据温度和压力的不同，呈现出液体、气体、固体等状态变化，如果提高温度和压力到某值以上，会出现液体与气体界面消失的现象，该温度点被称为临界点。超临界流体（SCF）指的是处于临界点以上温度和压力区域的流体，是即使提高压力也不液化的非凝聚态。在临界点附近，会出现流体的密度、黏度、溶解度、热容量、介电常数等所有流体物性发生急剧变化的现象。超临界流体的物性兼具液体与气体双重性质，密度接近液体，扩散度接近气体，黏度介于气液之间。另外，根据压力和温度的不同，这种物性会发生变化，因此，在提取、精制、反应等方面，越来越多地被用作代替原有有机溶剂的新型溶剂使用。随着人们对环境保护的高度重视，常用的有机溶剂，逐渐被二氧化碳超临界流体所取代。

一、超临界流体干燥技术基本原理

超临界流体干燥技术是利用超临界流体的特性而开发的一种新型干燥方法。超临界流体干燥技术是一种在干燥介质处于临界温度和临界压力状态时完成材料干燥的技术。首先，干燥介质在超临界状态下进入被干燥物内部与溶剂分子发生温和、快速地交换，将溶剂替换出来；然后，通过改变操作参数将流体从超临界态变为气体，从被干燥原料中释放出来，达到干燥的效果。使用超临界流体干燥技术进行干燥的物质不会发生收缩、碎裂，能够在很大程度上保持被干燥物的结构与状态，有效防止物料的团聚、凝并。

二、超临界干燥技术的特点

（1）超临界干燥可以有效防止传统热干燥中因毛细力的作用而导致的毛细孔塌陷问题，从而具有保持制品结构的特点。当被干燥物放在超临界流体环境中时，被干燥物的气/液相界面会迅速地消失，而且没有液相物体的表面张力，所以其干燥的过程温和，更大程度上避免了被干燥物干燥时受到应力作用而破坏物体结构。

（2）由于超临界流体具有高扩散系数特性，其干燥的速度更快。

（3）超临界流体干燥过程是在高压力条件下进行的，脱溶剂时还具有杀菌效果。

（4）超临界流体干燥技术对于分子量大、沸点高的难挥发性物质具有很高的溶解度。

三、超临界干燥技术应用

作为一种新型的干燥技术，超临界流体干燥技术发展较快，如今已在气凝胶干燥、饱水文物干燥、医用材料制备、催化剂制备、超细材料制备、食品干燥、低阶煤干燥、木材干燥、液相色谱填料基质多孔硅球制备等诸多领域得到应用。

 思考题

9-1 湿空气的性质有哪些？

9-2 T-H 图上有哪些图线？如何应用？

9-3 如何区分结合水和非结合水？举例说明湿物料中结合水分的确定方法。

9-4 干燥过程分几个阶段？为什么？

9-5 什么叫干燥速率？哪些因素影响干燥速率？在不同的干燥阶段，干燥速率由哪些因素控制？

 习 题

9-1 已知 101.3kPa 下空气的干球温度为 50℃，湿球温度为 30℃，求此空气的湿含量、焓、相对湿度、露点及比体积。

9-2 利用湿空气的性质图查出本题附表中空格项的数值，填充下表：

序号	干球温度 /℃	湿球温度 /℃	湿度 /(kg 水/kg 干气)	相对湿度 /%	焓 /(kg 水/kg 干气)	水蒸气分压 /kPa	露点 /℃
1	(20)			(75)			
2	(40)						(25)
3			(35)				(30)

9-3 将温度为 120℃，湿度为 0.15kg 水/kg 干气的湿空气在 101.3kPa 的恒定总压下加以冷却，试分别计算冷却至以下温度每千克干气所析出的水分：（1）冷却到 100℃；（2）冷却到 50℃；（3）冷却到 20℃。

9-4 空气的干球温度为 20℃，湿球温度为 16℃，此空气经一预热器后温度升高到 50℃，送入干燥器时温度降至 30℃，试求：

（1）此时出口空气的湿含量、焓及相对湿度；

(2) 100m³ 的新鲜干空气预热到 50℃ 所需的热量及通过干燥器所移走的水蒸气量各为若干？

9-5 在一连续干燥器中，每小时处理湿物料 1000kg，经干燥后物料的含水量由 10％降到 2％(均为湿基)。湿空气的初温为 20℃、湿度为 0.008kg 水/kg 干气，离开干燥器时湿度为 0.05kg 水/kg 干气。假设干燥过程中无物料损失。试求：（1）水分蒸发量；（2）干空气消耗量、湿空气消耗量和单位空气消耗量；（3）干燥产品量；（4）如鼓风机装在新鲜空气进口处，风机的风量应为若干（m³/h）？

9-6 在常压干燥器中，将某物料从含水量 5％干燥至 0.5％(均为湿基)，干燥器的生产能力为 1.5kg 干物料/s，干燥产品的比热容为 1.9kJ/(kg 干物料·℃)。物料进、出干燥器的温度分别为 21℃ 和 66℃。热空气进入干燥器的温度为 127℃，湿度为 0.007kg 水/kg 干气，离开时温度为 62℃。若不计热损失，试确定干空气的消耗量及空气离开干燥器时的湿度。

9-7 常压下，空气在温度为 20℃、湿度为 0.01kg 水/kg 干气状态下被预热到 120℃后进入理论干燥器，废气出口的湿度为 0.03kg 水/kg 干气。物料的含水量由 3.7％干燥至 0.5％(均为湿基)。干空气的流量为 8000kg 干气/h。试求：（1）每小时加入干燥器的湿物料量；（2）废气出口的温度。

9-8 常压下，已知 25℃时氧化锌物料的气固两相水分的平衡关系，其中当 $\varphi=100\%$ 时，$X^*=0.02$kg 水/kg 干料，当 $\varphi=40\%$ 时，$X^*=0.007$kg 水/kg 干料。设氧化锌的含水量为 0.25kg 水/kg 干料，若与 $t=25℃$，$\varphi=40\%$ 的恒定空气条件长时间充分接触。试问该物料的平衡含水量和自由含水量，结合水分和非结合水分的含量各为多少？

第十章

结晶

结晶是固体物质以晶体状态从蒸气、溶液或熔融物中析出的过程。在化工生产中，常遇到的情况是固体物质从溶液中结晶出来，以达到溶质与溶剂分离的目的，本章重点讨论这种结晶过程。

结晶在化工生产中的应用主要是分离和提纯，它不仅能从溶液中提取固体溶质，而且能使溶质与杂质得以分离，提高纯度。由于结晶制取的固体产品纯度高，外表美观，形状规范，便于干燥、包装、运输和储存，所以它在生产中得到广泛应用，是一个重要的化工单元操作。

第一节　结晶过程的理论基础

一、基本概念

晶体是内部结构的质点元素（原子、离子或分子）作三维有序规则排列的固态物质，具有规则的几何外形。晶体中每一宏观质点的物理性质和化学组成都相同，这种特性称为**晶体的均匀性**，这是因为每一宏观质点的内部晶格均相同。晶体的这一特性保证了工业中的晶体产品具有高的纯度。当物质在不同的条件下结晶时，所成晶体的形状、大小、颜色等可能不同。例如，因结晶温度的不同，碘化汞的晶体可能是黄色或是红色；氯化钠从纯水溶液中结晶时，为立方晶体，但若水溶液中含有少量尿素，则形成八面体的结晶。

物质从水溶液中结晶出来，有时形成**晶体水合物**。晶体水合物中所含的水分子，称为**结晶水**。结晶水的存在不仅影响晶体的形状，也影响晶体的性质。例如，$CuSO_4$ 溶液在 240℃ 以上结晶时，得到的是白色三棱形针状无水硫酸铜（$CuSO_4$）晶体；而在常温结晶时，得到的则是含有 5 个结晶水的蓝色大颗粒的 $CuSO_4 \cdot 5H_2O$ 晶体。

晶体从溶液中析出后，便可进一步用沉降、过滤、离心分离等方法使其与溶液分离。结晶出来的晶体和剩余的溶液所构成的混合物称为**晶浆**，分离出晶体后剩余的溶液称为**母液**。晶体是很纯净的，但母液中往往含有大量的杂质。在结晶过程中，当母液黏附在晶体表面时，或由于晶体颗粒聚结在一起形成晶簇，而将母液包藏在内，一些杂质便夹带在固体产品中，这些杂质的存在影响结晶产品的纯度。为了保证结晶产品的纯度，生产中，通常是在对晶浆进行母液分离后，再用适当的溶剂对固体进行洗涤，以尽量除去由于黏附和包藏母液所带来的杂质。

二、结晶过程的相平衡

1. 溶解度和溶解度曲线

（1）**溶解度**　在一定条件下，一种晶体作为溶质可以溶解在某种溶剂之中，而形成溶液。溶液中的溶质也可以从溶液中析出而形成晶体。溶解与结晶是一个可逆过程。

$$固体溶质 \underset{结晶}{\overset{溶解}{\rightleftharpoons}} 溶液$$

一定条件下，若溶解与结晶的速率相等，该过程将处于动态相平衡状态。这时，溶解在溶剂中的溶质数量达到最大限度，这样的溶液称为该溶质的**饱和溶液**。饱和溶液中溶质的浓度称为该溶质的溶解度。溶质浓度超过溶解度的溶液称为**过饱和溶液**。显然，溶质可以继续溶解于未饱和的溶液中，直至达到饱和为止。过饱和溶液析出过多的溶质后成为饱和溶液，即结晶只能在过饱和溶液中进行。

溶解度常用的表示方法有：溶质在溶液中的质量分数、kg 溶质/100kg 溶剂以及 mol 溶质/kg 溶剂等。物质的溶解度与其化学性质、溶剂的性质及温度有关。一定物质在一定溶剂中的溶解度主要随温度变化，而随压强的变化很小，常可忽略不计。因此溶解度的数据通常用溶解度对温度所标绘的曲线来表示。

（2）**溶解度曲线**　以溶解度为纵坐标，以温度为横坐标，标绘出溶解度随温度变化的关系曲线，这条曲线称为溶解度曲线。某种物质的溶解度曲线就是该物质的饱和溶液曲线。各种物质的溶解度曲线可通过实验确定，图 10-1 为某些常见盐在水中的溶解度曲线。

从图 10-1 中可以看出，溶解度曲线有三种类型：第一类是曲线比较陡，表明这些物质的溶解度随温度升高而明显增大，如 KNO_3、$Al_2(SO_4)_3$ 等；第二类是曲线比较平坦，表明溶解度受温度的影响并不显著，如 NaCl、KCl 等；第三类是溶解度曲线有折点，表明物质的组成有所改变，如 Na_2SO_4 在 305.5K 以下为含 10 个结晶水的盐，溶解度随温度的升高而增大，在 305.5K 以上时则转变成了无水盐，溶解度随温度的升高而缓慢下降。

溶解度曲线对结晶操作具有重要的指导意义。对于溶解度随温度变化敏感的物质，可选用变温结晶的方法；对于溶解度随温度变化缓慢的物质，可采用移出部分溶剂的结晶方法；另外，通过物质在不同温度下的溶解度数据还可以计算结晶过程的理论产量。

2. 过溶解度曲线与介稳区

（1）过饱和溶液与过饱和度　前已述及，在一定条件下，溶液中所含溶质的量超过该溶质的溶解度时，称为**过饱和溶液**。过饱和溶液对结晶操作具有重要意义。实际生产中的结晶操作，都是利用过饱和溶液来制取晶体。由于过饱和溶液很不稳定，轻微的振动、搅拌或有固体掉入，立刻会有晶体析出。所以过饱和溶液要在相当平静的条件下制备。将饱和

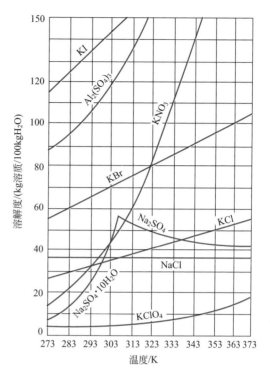

图 10-1　某些盐在水中的溶解度曲线

溶液谨慎、缓慢地冷却，并防止掉进固体颗粒，就可以制得过饱和溶液。

溶液过饱和的程度称为**过饱和度**，过饱和度是结晶的推动力。过饱和度常用以下两种方法表述。

用浓度差表示

$$\Delta c = c - c^* \tag{10-1}$$

式中　Δc——浓度差过饱和度，kg 溶质/100kg 溶剂；

　　　c——操作温度下的过饱和溶液浓度，kg 溶质/100kg 溶剂；

　　　c^*——操作温度下的溶解度，kg 溶质/100kg 溶剂。

用温度差表示　　　　　$$\Delta t = t^* - t \tag{10-2}$$

式中　Δt——温度差过饱和度（过冷度），K；

　　　t——该溶液经冷却达到过饱和状态时的温度，K；

　　　t^*——该溶液在饱和状态时所对应的温度，K。

（2）过溶解度曲线与介稳区　研究表明，溶液的过饱和状态是有一定限度的，当过饱和度超过一定限度后，就要自发地大量析出结晶。表示能自发地析出

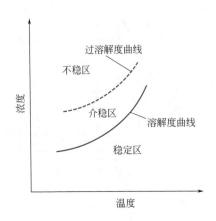

图 10-2 过溶解度曲线与溶液分区

结晶的过饱和溶液的浓度与温度的关系曲线称为**过溶解度曲线**，也称**过饱和曲线**，将其标绘在溶解度曲线图上，过溶解度曲线与溶解度曲线大致平行，如图 10-2 所示。溶解度曲线与过溶解度曲线把图形分成三个区域。

① **稳定区** 溶解度曲线下方为稳定区。因为在此区域内溶液尚未达到饱和，所以没有晶体析出的可能。

② **介稳区** 两曲线之间为介稳区。在此区域内不会自发地析出晶体，但如果有称为晶种的微小晶粒加入溶液，或受到某些外部因素的诱发，会析出晶核且逐渐长大。通常，结晶操作都在介稳区内进行。

③ **不稳区** 过溶解度曲线以上为不稳区。溶液一旦处于这个区域内，将自发地析出大量的细小晶体。

大量的研究工作指出，过溶解度曲线与溶解度曲线有所不同。一个特定的物系只有一条明确的溶解度曲线，但过溶解度曲线的位置却受到多种因素的影响，如有无搅拌、搅拌强度的大小、有无晶种、晶种的大小及多少，冷却速率快慢等，因此对于一个特定的物系可以有多条过溶解度曲线。

三、结晶过程

结晶过程包括晶核的形成和晶体的成长两个阶段。在溶液中，许多晶核形成进入成长阶段后，还有新的晶核继续形成，所以，在结晶操作过程中这两个阶段通常是同时进行的。

1. 晶核的形成

在过饱和溶液中产生晶核的过程称为晶核的形成。晶核形成的方式有两种：**初级成核和二次成核**。在没有晶体存在的过饱和溶液中产生晶核的过程称为初级成核。初级成核又可分为均相初级成核和非均相初级成核。前曾指出，在介稳区内洁净的过饱和溶液还不能自发地产生晶核，只有进入不稳区后，晶核才能自发地产生，这种在均相过饱和溶液中自发产生晶核的过程称为均相初级成核；如果溶液中混入外来固体杂质，如空气中的灰尘或其他人为引入的固体粒子，它们对初级成核有诱导作用，这种在非均相过饱和溶液中产生晶核的过程称为非均相初级成核。二次成核是指在含有晶体的过饱和溶液中进行成核的过程。一般工业上的成核过程主要采用二次成核，即在处于介稳区的澄清过饱和溶液中，加入一定数量的晶种来诱发晶核的形成，制止自发成核。

2. 晶体的成长

过饱和溶液中已经形成的晶核逐渐长大的过程称为晶体的成长。晶体成长的过程，实质上是过饱和溶液中的过剩溶质向晶核表面进行有序排列，而使晶体长大的过程。

一般认为，**晶体的成长过程包括两个步骤**：首先是溶液中的过剩溶质从溶液主体向晶体表面扩散，属扩散过程，即溶液主体和溶液与晶体界面之间有浓度差存在，溶质以浓度差为推动力，穿过紧邻晶体表面的液膜层而扩散到晶体表面。其次是到达晶体表面的溶质的分子或离子按一定排列方式嵌入晶体格子中，而组成有规则的结构，使晶体增大，同时放出结晶热，这个过程称为**表面反应过程**。由此可知，晶体成长过程是溶质的扩散过程和表面反应过程的串联过程。因此，晶体的成长速率与溶质的扩散速率和表面反应速率有关。

第二节　影响结晶操作的因素

由于结晶过程同时进行着晶核的形成和晶体的成长，因此，在整个操作过程中有两种速率：晶核形成的速率和晶体成长的速率。这两个过程速率的大小，对结晶产品的质量有很大的影响。如果晶核形成速率远远大于晶体成长速率，溶液中含有大量晶核，它们还来不及成长，过程就结束了，所得到产品的颗粒小而多；如果晶核形成速率远远小于晶体成长速率，溶液中晶核数量较少，随后析出的溶质都供其长大，所得到产品的颗粒大而均匀；如果两者速率相近，最初形成的晶核成长时间长，后来形成的晶核成长时间短，结果是产品的颗粒大小参差不齐。

这两种速率的大小不仅影响到产品的外观质量，还可能影响到产品本身的内部质量。例如：晶体成长速率过快时，就有可能导致两个以上的晶体彼此相连形成晶簇，从表面上看晶体颗粒较大，而实际上，在晶体与晶体之间往往夹有气态、液态或固态杂质，严重影响了产品的纯度。在实际生产中，往往要求结晶产品既要有颗粒大而均匀的外观质量，又要有较高的纯度，这就必须从控制晶核形成速率与晶体成长速率入手。影响这两个速率的因素也就是影响结晶操作的因素，其主要有以下几点。

一、过饱和度的影响

过饱和度是结晶过程的推动力，晶核形成速率和晶体成长速率均随过饱和度增加而增大。但过饱和度过大，使溶液进入不稳区会产生大量的晶核，不利于晶体的成长。所以，过饱和度不能过大，应使操作控制在介稳区内，既保持有足够的晶核，又保持有较高的晶体成长速率，使结晶操作高产而优质。过饱和度的选择存在一个最优化问题，适宜的过饱和度一般由实验测定。

二、冷却（蒸发）速率的影响

在实际生产中，溶液的过饱和通常是靠冷却和蒸发造成的。冷却或蒸发速率的快慢，直接影响到操作时过饱和度的大小。如果快速冷却或蒸发将使溶液很快达到饱和状态，甚至直接穿过介稳区，到达不稳区，自发地产生大量晶核，而得到大量的细小晶体；反之，如果缓慢冷却或蒸发，结晶在介稳区内进行，常得到颗粒较大的晶体。

三、晶种的影响

工业生产中的结晶操作一般都是在人为加入晶种的情况下进行的。晶种的作用主要是用来控制晶核的数量，以得到颗粒大而均匀的结晶产品。

加晶种时，必须掌握好时机，应在溶液进入介稳区内适当温度时加入晶种。如果溶液温度较高，即高于饱和温度，加入的晶种有可能部分或全部被溶化，起不到诱导成核的作用；如果温度过低，即已进入不稳区，溶液中已自发产生了大量晶核，再加入晶种也已不起作用。此外，在加入晶种时，要轻微地搅动，以使其均匀地分布在溶液中。

四、搅拌的影响

在大多数结晶设备中都配有搅拌装置，以利于生产合格的产品。

1. 搅拌在结晶操作中的作用

（1）加速溶液的热传导，加快生产过程。

（2）加速溶质扩散过程的速率，有利于晶体成长。

（3）使溶液温度均匀，防止溶液局部浓度不均，避免在器壁上形成晶垢或晶疤。

（4）使晶核散布均匀，防止晶体粘连形成晶簇，保证产品质量。

2. 使用搅拌器时的注意事项

（1）选择适宜形式的搅拌器　在夹套式的结晶器中，以配置与容器内壁形状相近的框式或锚式搅拌器为宜，这样可以减少晶体在器壁上的沉积；而在一些靠搅拌推动溶液循环的结晶器中，则以旋桨式为好。

（2）控制适宜的搅拌转速　搅拌转速太快，会导致对晶体的机械破损加剧，使晶核大为增加，影响产品的质量；转速太慢，则可能起不到搅拌作用。最适宜的搅拌转速一般都是对特定的物系进行实验或参考经验数据确定。

一般来说，要想得到颗粒较大而均匀的晶体，可从以下几方面着手：采用较小的过饱和度；缓慢地冷却和蒸发；控制晶核的数量；使晶种或晶核均匀散布在溶液中；延长小晶体在结晶器内的时间和及时分离出已成长好的晶体；搅拌适度，尽量减少晶体的机械破损等。

第三节　结晶方法和结晶器

一、结晶方法

使溶液形成适宜的过饱和度是结晶过程得以进行的首要条件。结晶方法则是使溶液形成适宜的过饱和度的基本方法。根据物质溶解度曲线的特点，使溶液形成适宜过饱和度的方法主要有两类：一是冷却法，二是蒸发法。此外，还有一些其他结晶方法。下面介绍工业上常用的结晶方法。

1. 冷却法

冷却法也称降温法，它是通过冷却降温使溶液达到过饱和的方法。这种方法适用于那些溶解度随温度的降低而显著下降的物质，如 KNO_3 等。这是一种既经济又有效的方法。

冷却的方式有自然冷却、间壁冷却和直接接触冷却。自然冷却是使溶液在大气中冷却而结晶。其设备与操作均较简单，但冷却缓慢，生产能力低，在较大规模的生产中已不多用。间壁冷却的原理和设备如同换热器，多用水作冷却剂，也有用其他冷却剂（如冷冻盐水）作介质的。这种方式消耗能量少，应用较广泛，但冷却传热速率较低，冷却壁面上常有晶体析出，黏附在器壁上形成晶垢或晶疤，影响冷却效果。直接冷却法是将冷却剂直接与溶液接触，使溶液冷却达到过饱和。这种方法克服了间壁冷却的缺点，传热效率高，没有结疤问题，但设备体积庞大。

2. 蒸发法

蒸发法是使溶液在常压、加压或减压状态下加热蒸发而浓缩，达到过饱和。这种方法适用于当温度变化时溶解度变化不大的物质。如 $NaCl$ 的结晶就适用于这种方法。但这种方法耗能较多，并且也存在着加热面容易结垢的问题。为了节省热能，常采用多效蒸发。

3. 真空结晶法

这种方法是使溶液在真空状态下绝热蒸发，除去一部分溶剂，这部分溶剂又以汽化热的形式带走一部分热量，而使溶液温度降低达到过饱和。这种方法实质上是将冷却和蒸发两种方法结合起来，同时进行的。此法适用于随温度的升高溶解度以中等速率增大的物质，如硫酸铵、氯化钾等。这种方法所用主体设备较简单，操作稳定，器内无换热面，因而不存在结垢、结疤问题；其设备防腐蚀易于解决，操作人员的劳动条件好，劳动生产率高，因而已成为大规模生产中使用较多的方法。

4. 盐析法

盐析法是指向溶液中加入某种物质以降低原溶质在溶剂中的溶解度，使溶液达到过饱和状态的方法。所加入的物质，要能与原来的溶剂互溶，但不能溶解要结晶的物质，且要求加入的物质和原溶剂要易于分离。加入的这种物质可以是固体，也可以是液体或气体，通常叫做稀释剂或沉淀剂。这种结晶法之所以叫做盐析法，是因为 NaCl 是一种在水溶液中常用的沉淀剂，例如在联合制碱法生产中，向低温的饱和氯化铵母液中加入 NaCl，使母液中的氯化铵尽可能多地结晶出来，以提高其收率，就是这一方法的典型代表。盐析结晶工艺简单，操作方便，尤其适用于热敏性物料的结晶。

5. 喷雾结晶法

喷雾结晶也称喷雾干燥，其基本方法是把高度浓缩后的悬浮液或膏状物料从喷雾器中喷出，使其成为雾状的微滴，与此同时，在设备内通以热风使其中的溶剂迅速蒸发，从而得到粉末状或粒状产品。这一过程实际上是把蒸发、结晶、干燥、分离等操作融为一体。它的生产周期很短，一般只有几秒至几十秒，对热敏性物质特别适用，已广泛用于食品、医药、染料、化肥、合成洗涤剂等方面。

6. 升华结晶

固体物质不经过液态而直接变为气态的现象，称为升华。将升华之后的气态物质冷凝，便获得升华结晶的固体产品，工业上有许多含量要求较高的产品，如碘、萘、蒽醌、氯化铁、水杨酸等都是通过这一方法生产的。

7. 反应结晶法

有些气体与液体或液体与液体之间进行化学反应，产生固体沉淀。这种情况实际上是反应过程与结晶过程结合进行，称为反应结晶法。例如硫酸铵、尿素、碳酸氢铵等生产过程，都属于这种方法。

二、结晶器

结晶操作的主要设备是结晶器。在化工生产中，由于被结晶溶液的性质各有不同，对结晶产品的粒度、晶形以及生产能力大小的要求也不同，因此结晶器的形式很多，各有其特点。按操作方式可分为间歇式和连续式结晶器；按结晶方法可分为冷却型结晶器、蒸发型结晶器、真空蒸发冷却结晶器、盐析结晶器和其他类型结晶器。

1. 冷却型结晶器

这类结晶器常用的有下列几种。

（1）桶管式结晶器 图 10-3 所示的是一种最简单的桶管式结晶器，也称搅拌冷却结晶器。它实质上是一个夹套式换热器，其中装有锚式或框式搅拌器，以低速转动。它的操作可以是连续的，也可以是间歇的，也可以将几个设备串联使用。这种设备结构简单、制造容易，但传热系数不高，晶体易在器壁上结垢。

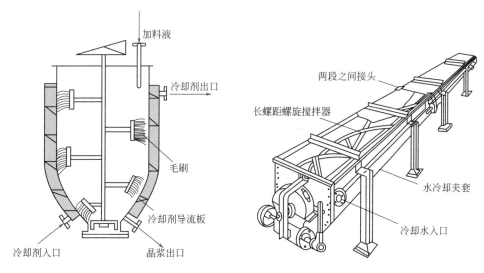

图 10-3　桶管式结晶器　　　　图 10-4　夹套螺旋带式搅拌结晶器

（2）夹套螺旋带式搅拌结晶器 如图 10-4 所示，它是以半圆形的长槽为主体，槽内装有一个低速长螺距的带式搅拌器，槽外装有夹套冷却装置。溶液从槽的一端进入，从另一端流出，溶液在流动中被降温，实现过饱和而析出晶体。

这种设备是一种比较老式的结晶装置，机械传动部分和搅拌部分结构烦琐，制造费用高，冷却面积受到限制，而且溶液过饱和度不易控制，但对于一些高黏度、高塑性、高固液比的结晶，如石油化工中高分子树脂和石蜡等的处理，还是十分有效的。

（3）循环冷却结晶器 这种结晶器采用强制循环，冷却装置在结晶器外。图 10-5 表示这种结晶器的基本结构。它的主要部件是结晶器 1 和冷却器 4，它们通过循环管 2 及中心管 5 相连接。

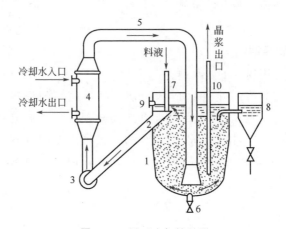

图 10-5　循环冷却结晶器
1—结晶器；2—循环管；3—循环泵；4—冷却器；5—中心管；6—底阀；
7—进料管；8—结晶消灭器；9—溢流管；10—排出管

循环冷却结晶器在操作时少量的未饱和料液由进料管 7 进入循环管 2，与由结晶器 1 进入循环管的饱和溶液相混合，经循环泵 3 送入冷却器 4，通过冷却使溶液达到过饱和，此过饱和的溶液沿中心管进入结晶器底部，然后再往上流动，与器中悬浮的正在成长的晶粒接触，使原有晶体长大而消除过饱和。所得的晶体与溶液一同循环，回到循环管再与新加入的料液混合，开始新一轮的循环。由于晶体在向上流动溶液的带动下保持悬浮状态，从而形成了一种自动分级的作用，大颗粒的晶体在底部，中等的在中部，最小的在最上面。当晶粒长大到其沉降速率大于循环溶液上升的流速时，则沉到器底，从排出管 10 排出。母液由结晶器上部的溢流管 9 排出。浮至上部的极细晶体，则进入细晶消灭器 8 内，将过多的晶核除去，以保证晶体的稳步生长。

这种结晶器产品粒径的大小，可用改变溶液的循环速率和冷却速率的方法调节。在冷却过程中，应注意控制溶液的过饱和度，只使溶液进入介稳区而又防止进入不稳区，避免晶核过多。循环速率增大，则可获得较大的晶体。此结晶器适用于对晶体粒度要求严格而产量大的生产情况。

2. 蒸发型结晶器

在第五章所介绍的蒸发设备，除膜式蒸发器外都可以作为蒸发结晶器。它是靠加热使溶液沸腾，溶剂在沸腾状态下迅速蒸发，使溶液迅速达到饱和。由于溶剂蒸发得很快，使溶液的过饱和度不易控制，因而难以控制晶体的大小，对于晶体不要求有一定粒度的产品，可使用这种结晶器。但如果要求对晶体粒度大小有所控制，最好先在蒸发器中将溶液蒸发浓缩到接近饱和状态，然后移入专门的结晶器中完成结晶过程。

3. 真空蒸发冷却结晶器

真空蒸发冷却结晶器是将热的饱和溶液加入与外界绝热的结晶器中，由于器内维持高真空，其内部溶液的沸点低于加入溶液的温度。所以，当溶液进入结晶器后，经绝热闪蒸过程冷却到与器内压强相对应的平衡温度。这种结晶器的操作具有蒸发与冷却同时作用的效果。

图 10-6 所示为循环真空蒸发结晶器，它的基本结构与前面介绍的循环冷却结晶器相似，其粒析作用也与循环冷却结晶器相同，只是以加热器代替了冷却器，在加热器与结晶器之间，增加一个蒸发室，其蒸汽出口还需与真空设备连接。这种结晶器在操作时，蒸发室内维持一定的真空度，使室内溶液的沸点低于回流管内溶液的温度，溶液进入蒸发室即闪急绝热蒸发，同时温度下降，使溶液迅速进入介稳区，在结晶器内析出晶体。

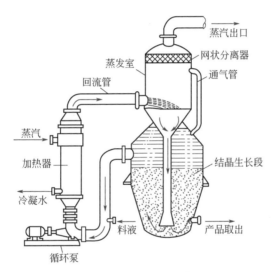

图 10-6　循环真空蒸发结晶器

上述这种结晶器可以连续操作，生产能力大，适用于对晶粒要求高的产品。但该结晶器加热管的内壁面易发生晶体积垢，导致换热器的传热系数降低。图 10-7 所示的双循环真空蒸发结晶器就避免了这个缺点。这种结晶器不另设置加热器，器内有一个导流筒，筒内接近下端装有一低速螺旋桨式搅拌器，它把带有细小晶体的饱和溶液在筒内由下而上推向蒸发室的沸腾液面。由于系统处在真空状态，溶液在液面蒸发、冷却，达到过饱和状态，并在沿着导流筒外侧下降时释放其过饱和度，使晶体得以长大。在导流筒底部，这些晶浆一部分与原料液混合，再继续室内循环；另一部分进入沉降区，该区基本上不受搅拌影响，大颗粒在此沉降，细晶则浮至上部排出器外加以消除，从而实现对晶核数量的控制。清液沿外循环管经循环泵，流经分级腿，形成外循环。长大到一定大小的晶体沉降至分级腿内，受向上流动的循环溶液淘洗分级，较小的颗粒返回结晶器，较大的颗粒由晶浆出口排出。

这种结晶器的主要优点是，无加热器器壁晶体积垢问题；过饱和度的产生和消失在一个容器内完成，晶体能较快地成长，因而产率大；具有单独的分级腿，分级作用好。其主要缺点是，搅拌对晶体有破碎作用；操作在真空下进行，结构比较复杂等。

4. 盐析结晶器

盐析结晶器是利用盐析法进行结晶操作的设备。图 10-8 所示为联碱生产用的盐析结晶器。操作时，原料液与循环液混合，从中央降液管下端流出，与此同时，从套管中不断地加入食盐使 NH_4Cl 溶解度减小，形成一定的过饱和度并析出晶体。在此过程中，加入盐量的多少是影响产品质量的关键。

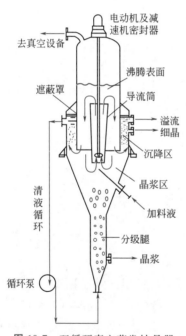

图 10-7　双循环真空蒸发结晶器

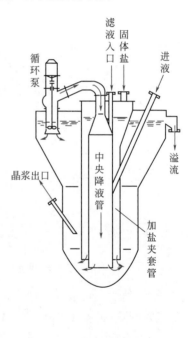

图 10-8　盐析结晶器

思考题

10-1　什么是结晶？说明结晶在化工生产中的应用。

10-2　何谓晶体、晶浆、母液？

10-3　溶解度曲线对结晶操作有何指导意义？

10-4　何谓稳定区、介稳区和不稳区？它们各有什么特点？

10-5　什么是饱和溶液和过饱和溶液？

10-6　过饱和度对结晶过程有何影响？

10-7　影响结晶操作的主要因素有哪几方面？

10-8　工业上有哪些常用的结晶方法？它们各适用于什么场合？

10-9　本章讲了哪几种结晶器？各有什么特点？适用于什么场合？

习题参考答案

第六章　习题答案

6-1　$w_{乙醇}=0.625$

　　$x_{乙醇}=0.395$

6-2　$x_{乙醇}=0.881$

　　$x_水=0.119$

6-3　(1) $\phi_氮=25\%$

　　$\phi_氢=75\%$

　　(2) $p_氮=25.3\text{kPa}$

　　$p_氢=76\text{kPa}$

　　(3) $y_氮=0.25$

　　$y_氢=0.75$

　　(4) $W_氮=82.4\%$

　　$W_氢=17.6\%$

　　(5) $M_m=8.5\text{kg/kmol}$

6-4　(1) $102℃$

　　$x_苯=0.22$

　　(2) 气液两相并存的平衡状态

　　$x_苯=0.256$

　　$y_苯=0.453$

　　(3) $95℃$

6-5　(1) 略

　　(2) $\alpha_m=2.45$

6-6　$D=745\text{kg/h}$

　　$W=4255\text{kg/h}$

6-7　$D=1000\text{kg/h}$

　　$x_D=0.6$

6-8　$L=602\text{kg/h}$

6-9　$W=608.6\text{kmol/h}$

　　$R=3.72$

6-10　$y_{n+1}=0.67x_n+0.32$

　　　$y_{m+1}=1.62x_m-0.016$

6-11　$x_F=0.45$

　　　$x_D=0.82$

　　　$x_w=0.08$

　　　$R=3$

6-12　$N_T=10$ 层（包括釜）

　　　精馏段为 4 层

　　　提馏段为 6 层（包括釜）

　　　加料板为从上往下数第 5 层

6-13　$N_T=7$ 层（包括釜）

　　　精馏段为 4 层

　　　提馏段为 3 层（包括釜）

　　　加料板为从上往下数第 5 层

6-14　$N=9.23$ 层，取 10 层（不包括釜）

6-15　(1) $R_{min}=1.45$

　　　(2) $R_{min}=1.17$

6-16　$R=1.08$

6-17　$D=32\ \text{kmol/h}$

　　　$W=150\text{kmol/h}$

　　　$N=15.7$ 层，取 16 层（不包括釜）

第七章　习题答案

7-1　$Y_氨=5.26\times10^{-2}\text{kmol 氨/kmol 空气}$　　　　　$Y_{w氨}=3.08\times10^{-2}\text{ kg 氨/kg 空气}$

7-2　$X_{二氧化硫}=5.625\times10^{-3}$ kmol 二氧化硫/
kmol 水

7-3　$x=0.0228$

7-4　$H=0.59$ kmol/(m^3 · kPa)
$m=0.927$

7-5　$H=2.96\times10^{-4}$ kmol/(m^3 · kPa)
$m=371$
1.32×10^{-2} kg 二氧化碳/100kg 水

7-6　略

7-7　$K_G=1.122\times10^{-5}$ kmol/(m^2 · s · kPa)
72.4%

7-8　(1) $L=3.05\times10^4$ kmol/h

$X_1=3.63\times10^{-5}$ kmolCO$_2$/kmolH$_2$O
(2) $Y=2280X+4.34\times10^{-3}$

7-9　(1) $L/V=622$
$X_1=3.12\times10^{-5}$ kmolH$_2$S/kmolH$_2$O
(2) $L/V=62.2$
$X_1=3.12\times10^{-4}$ kmolH$_2$S/kmolH$_2$O

7-10　$\Phi=97.4\%$
$L=1.60\times10^6$ kg/h

7-11　$L=9.45\times10^2$ kg/h

7-12　$L=290$m^3/h

7-13　$Z=8.4$m

第八章　习题答案

8-1　略

8-2　E层：乙酸（A）27%
水（B）1.0%
3-庚醇（S）72%
R层：乙酸（A）20%
水（B）74%
3-庚醇（S）6.0%
移除 47.4kg 3-庚醇

8-3　(1) 分为两相
E 相组成为：S 85%，B 15%
R 相组成为：S 4%，B 96%
E 相量为 56.8kg，R 相量为 43.2kg
(2) $A=138$kg
(3) 剩余液体数量为 208kg，其组成为
$W_A=0.66$

8-4　(1) E 相：丙酮 14.6%
三氯乙烷 84.4%
水 1%
R 相：丙酮 9.5%
三氯乙烷 0.6%
水 89.9%
E 相量为 1176kg
R 相量为 324kg
(2) E′相：丙酮 91%
水 9%
R′相：丙酮 9.4%
水 90.6%
E′相的量为 188kg
(3) $K_A=1.54$

第九章　习题答案

9-1　$H=0.0182$kg 水/kg 干气
$I_H=97.53$kJ/kg 干气
$\phi=23.34\%$
$t_d=23.5℃$
$c_H=1.045$kJ/(kg 干气 · K)
$\nu_H=0.94$m^3/kg 干气

9-2　(1) $t_w=16℃$，$t_d\approx15℃$

$H=0.011$kg 水/kg 干气
$I_H=48$kJ/kg 干气
$p=1.6$kPa
(2) $t_w=28.5℃$
$H=0.02$kg/水/kg 干气
$\phi=43\%$
$I_H=92$kJ/kg 干气

$p＝3.2$kPa

（3）$t＝55℃$

$H＝0.028$kg 水/kg 干气

$\phi＝25\%$

$I_H＝127$kJ/kg 干气

$p＝4.3$kPa

9-3 （1）没有液态水析出

（2）析出 0.0638kg 水/kg 干气

（3）析出 0.1354kg 水/kg 干气

9-4 （1）$H_2＝0.019$kg 水/kg 干气

$I_{H_2}＝78$kJ/kg 干气

$\phi＝70\%$

（2）$Q＝3920$kJ

$W＝1.07$kg

9-5 （1）$W＝81.6$kg/h

（2）$L＝1940$kg 干气/h

$L_0＝1960$kg 湿空气/h

$l＝23.8$kg 干气/kg 水

（3）$G_2＝918$kg/h

（4）$q_v＝1630$m³/h

9-6 $L＝4.64$kg/s

$H_2＝0.0224$kg 水/kg 干气

9-7 $G_1＝4975$kg/h

$t_2＝69.1℃$

9-8 $X^*＝0.007$kg 水/kg 干料

自由含水量＝0.243kg 水/kg 干料

非结合水分量＝0.23kg 水/kg 干料

结合水分量＝0.02kg 水/kg 干料

参 考 文 献

[1] 张弓编. 化工原理：下册. 北京：化学工业出版社，2000.

[2] 陈常贵，柴诚敬，姚玉英. 化工原理：下册. 2 版. 天津：天津大学出版社，2004.

[3] 陆美娟. 化工原理：下册. 2 版. 北京：化学工业出版社，2007.

[4] 贾绍义，柴诚敬. 化工传质与分离过程. 2 版. 北京：化学工业出版社，2007.

[5] 蒋维均，雷良恒，刘茂林，等. 化工原理：下册. 2 版. 北京：清华大学出版社，2003.

[6] 何潮洪，冯霄. 化工原理. 北京：科学出版社，2001.

[7] 陈敏恒，从德滋，方图南，等. 化工原理：下册. 4 版. 北京：化学工业出版社，2015.

[8] 时钧，汪家鼎，余国琮，等. 化学工程手册. 2 版. 北京：化学工业出版社，1996.

[9] 张宏丽，刘兵，闫志谦，等. 化工单元操作. 2 版. 北京：化学工业出版社，2011.

[10] 冷士良. 化工单元操作. 3 版. 北京：化学工业出版社，2019.

[11] 刘红梅. 化工单元过程及操作. 北京：化学工业出版社，2008.